SABA's KITCHEN
萨巴厨房™

懒人下面条

萨巴蒂娜　主编

中国轻工业出版社

懒人下面条

就是爱吃面

我是一个走南闯北、在南方生活过工作过的北方人，吃过中西南北的面，作为一个面条老饕，于是就这么出了一本面条的书。

我感觉饭是我的夫子，但是面条是我的情人。饭要天天吃，面条也要时时来见。

我喜欢吃炸酱面，用五花肉和甜面酱做炸酱，面要粗一点的，煮得格外筋道那种，放大量的黄瓜丝、豆芽、萝卜丝、豆角，还要放镇江香醋，每次必吃一大碗。我吃过很多人做的炸酱面，无所谓正宗不正宗，只要好吃，就是我心里最正宗的。

我喜欢吃广西某个牌子的鸡蛋挂面，用热油炝葱花，倒入清水煮开，丢入挂面，只放一点盐和小青菜，再打两个粉嫩的荷包蛋，汤汁清澈，面条柔软，蔬菜清香，把荷包蛋挑破，让蛋黄流出来一点，简直太美好啦。

我喜欢吃武汉的热干面，浓浓的芝麻酱与面条搅拌在一起，混合萝卜丁和酸豆角，大口吃下去，满嘴都是酱汁也不要紧，姿态漂亮不如味道漂亮。

我喜欢吃上海的雪菜黄鱼面，一口汤，一口鱼，一口面，口口美妙。

我喜欢吃广东的云吞竹升面，云吞藏在面的底部，像是可以挖掘的宝藏。

我喜欢吃山西的扯面、兰州的牛肉面、河南的羊肉面、新疆的拉条子、陕西的裤袋面、日本的拉面、韩国的冷面、意大利的各种面……嗯，似乎还没有我不爱吃的面。

所以，我把这本书送给也爱吃面的你，你喜欢吗？

高欣茹

萨巴小传：本名高欣茹。萨巴蒂娜是当时出道写美食书时用的笔名。曾主编过五十多本畅销美食图书，出版过小说《厨子的故事》，美食散文集《美味关系》。现任"萨巴厨房"主编。

萨巴蒂娜
个人公众订阅号

敬请关注萨巴新浪微博　www.weibo.com/sabadina

目录

计量单位对照表

1 茶匙固体材料 = 5 克
1 汤匙固体材料 = 15 克
1 茶匙液体材料 = 5 毫升
1 汤匙液体材料 = 15 毫升

01
凉面、拌面

鸡丝凉面
018

麻酱凉面
020

油泼扯面
022

重庆小面
024

简版热干面
026

宜宾燃面
028

葱油拌面
030

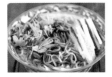
三合油香椿拌面
032

沙县花生酱拌面
034

红薯蒜面条
035

XO酱牛肉笋丁干拌面
036

韩国冷面
038

日式荞麦凉面
040

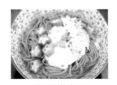
冷汤荞麦面
042

新疆大盘鸡拌面
044

四川特色甜水面
046

02
热汤面

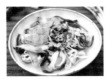
河南羊肉烩面
048

羊肉汤面
050

香辣牛肉面

052

小鸡炖蘑菇面

054

竹荪鸡汤龙须面

056

青菜鸡蛋汤面

058

鱼头汤面

060

雪菜黄鱼煨面

062

红油鱼鲜云吞面

064

鲜虾乌冬面

066

海鲜沙茶面

068

海米鸡毛菜热汤面

070

陕西酸汤面

072

阳春面

074

老成都担担面

076

片儿川

078

香菇肉丝面

080

红烧肉排卤蛋面

082

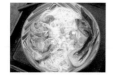

猪肚排骨面

084

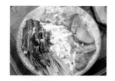

菠菜猪肝面

086

雪菜肉丝面

088

03
卤面、
浇头面

海鲜咖喱乌冬面

090

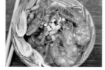

葱爆鲜虾面

092

榨菜肉丝面

093

经典炸酱面
094

陕西岐山臊子面
096

茄子肉丁面
098

打卤面
100

老上海酥炸大排面
102

红油杂酱面
104

肥肠浇头面
106

酸辣鸡杂面
108

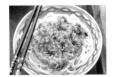

青椒茄子面
110

04
炒面、
烤面

腊味炒面
112

尖椒肉丝炒面
113

鱼香炒面鱼
114

辣白菜五花肉
炒乌冬面
116

火腿鸡蛋炒面
117

蚝油三丝炒面
118

黑椒牛肉乌冬面
119

黑椒牛肉洋葱
炒猫耳朵
120

孜然羊肉炒面
122

黄金虾仁炒面
124

XO酱炒面
125

海鲜咖喱炒面
126

日式海鲜炒面
128

酱油炒面
129

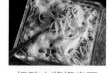

扇贝虾仁罗勒
螺旋意面
168

白酒蛤蜊蝴蝶面
170

墨鱼汁意面
172

07 〰
米粉

泰式炒米粉
174

南洋星洲炒米粉
176

干炒牛河
178

湿炒牛河
180

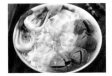

潮汕牛肉丸汤粿条
182

薄荷牛肉饵丝
183

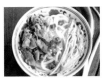

酸汤肥牛米线
184

云南骨汤米线
186

快手酸辣米线
188

初步了解全书

看着名字
就流口水

需要用到的食材一目了
然，要打有准备的仗

品尝佳肴也是很
有情怀的

时间、难
易度清楚
明了

烹饪秘笈，
让你与美
味不再失
之交臂

营养贴士
让你吃出
健康

详尽直观的操作步骤让
你简单上手

- 面条，是中国人传承千年的主食之一。很多人都爱吃面条，其实不单单是喜欢面条多变的口感，面条本身的百搭和简单，也是它最难能可贵之处。

- 在这本书里，涵盖了常见的面条、米粉，包括国外的一些面条的做法，让读者能在面条的世界里，找到自己最爱吃的几种口味。同时，本书中出现的面条，即便是新手也可以轻松掌握，因为每一道都不会很难；并且也可以满足各种口味，因为这里涵盖了五湖四海多地的经典味道。

- 除了常规的食谱之外，我们也介绍了面条的基本分类、煮制方法。一些常见的浇头、酱汁，可助你更轻松、更省时地做出一碗美味面条。

- 有时间和精力的朋友，更可以参看我们书中对于手擀面、意大利面、蔬菜汁面这三种最常见的面条的 DIY 方法。自己动手，不仅更卫生、放心，还能享受烹制过程的乐趣。

面条种类

> 挂面/龙须面

挂面是以小麦粉添加盐、碱、水，经拉制、悬挂干燥等一系列程序，切制成一定长度的干面条，也叫龙须面或须面。挂面品种多样，宽窄粗细不一，并且耐存耐煮，特别适合常备在家中。

煮挂面应该在锅底有小气泡冒出时就下入面条，水沸腾3分钟后，可以捞出一根面条，看看内心是否熟透，煮熟后就可以捞出了。

> 手擀面/手工面

顾名思义，手擀面是手工制作的一种面条。通过擀、抻、切、削、揪、压、搓、拨、捻、剔、拉等不同手法，可以制作出各式各样的面条。

手擀面制作简便，不拘泥于工具，可随吃随煮，喜欢软烂的就多煮一会儿，喜欢筋道的就缩短些时间。手擀面不论浇菜带汤均可，特别适宜小孩及老人食用。

> 鲜切面

鲜切面是用机器制成粗细均等的面条，比手擀面更加规整。

鲜切面耐煮，而且新鲜、有嚼劲，口感优于干制挂面。水沸后将鲜切面下入锅中，煮熟后捞出，过凉水，可以使面条更加爽口筋道。

< 面线

闽南地区的人最喜欢吃面线，他们用面粉加入适量食盐揉成面团，然后揉扯、拉制成线状后放在专门的架子上晒干。正宗的面线应为纯手工拉成，每根面细如发丝，煮熟后成半透明状，入口绵软且易于消化。面线还是闽南人迎宾待客、祝福贺喜、馈赠亲友的必备佳品，其中蕴含着富贵吉祥、长命百岁的美好寓意。一碗又细又长的面线搭配上正宗的沙茶酱，能够让人一天都充满了力量。

< 意大利面

意大利面条有很多种类，比如常见的长型意大利面、通心粉、蝴蝶面、斜管面、天使的发丝等。由于每种意大利面的长短、宽窄不一，所以煮熟的时间也不一样。每种意大利面的包装袋上都会特意标明煮熟时间，可作为参考。

> 乌冬面

乌冬面是最具日本特色的面条之一，也是日料店里不可或缺的主角。其口感介于面条与米粉之间，口感偏软。

煮乌冬面时，需沸水下锅。水再次沸腾时，快速用筷子搅拌几下使乌冬面均匀受热即可。冬天将煮好的乌冬面放入热的牛肉汤中可去寒暖胃；夏天乌冬面放凉，搭配调料汁，相得益彰。

＜方便面饼

方便面是市面上最常见，口味最多的速食面条。就连不会任何烹饪技巧的人都可以轻松用开水"泡"出一碗美味的面条。方便面耐储存、好烹饪、味道佳，特别受到年轻人的喜爱。

其实方面便饼除了"煮"，还可以通过"炒""焗""烤"等多种烹饪方式升级演变。多多尝试不同食材与烹饪方式的搭配，一定会让你惊喜连连。

＞荞麦面

用荞麦面粉和适量水和成面团，压平后可以手工切制成荞麦面条。

荞麦挂面冷水下锅，盖上锅盖，待水沸后关火闷制5分钟左右。打开锅盖用筷子挑起面条，如果可以轻松夹断，就说明荞麦面煮好了。

＞魔芋面

想要减肥却管不住嘴？那你　定要试试魔芋面。魔芋是对人体非常有益的碱性食品，具有排毒、通便、美颜、降压等多种食疗功能。最重要的是，每100克魔芋中只有7卡路里的热量，是不可多得的低卡食物。

魔芋面的烹饪方法也非常简单，水沸腾后将魔芋面下入锅中烫煮两三分钟即可。不论是搭配时蔬做成炒面，或加入调料做成汤面，都不会委屈你的味蕾。

＜米粉/米线

米粉和米线以大米为原料，经浸泡、蒸煮和压条等工序，制成条状和丝状的米制品。米粉质地柔韧，富有弹性，水煮不糊汤，干炒不易断，配以各种菜码或汤料进行汤煮或干炒，爽滑入味。

因为米粉和米线本身就是熟的，所以通常只需要在滚开的沸水中快速烫煮两三分钟即可。烫煮太久的米粉易断，还会失去脆爽的口感。

意面做法、手擀面做法、蔬菜汁面做法

手工意大利面的做法 >

▌材料

| 高筋面粉 | 100克 | 橄榄油 | 10毫升 | 盐 | 少许 |
| 鸡蛋 | 1个 | | | | |

▌步骤

❶ 面粉中放入盐、鸡蛋和橄榄油。

❷ 用力将所有材料和成均匀的面团。

❸ 将面团用保鲜膜包好，静置20分钟。

❹ 取出松弛好的面团，擀成长方形的薄片。

❺ 将压面机调到最厚的模式，将面片压两次后再慢慢调小厚度，直到面片压成适合的薄厚。

❻ 根据你的喜好，可以将面片做成不同形状的意面。

手擀面的做法 >

▌材料

| 面粉 | 500克 | 水 | 适量 | 玉米面 | 适量 |
| 鸡蛋 | 1个 | 盐 | 少许 | | |

▌步骤

❶ 鸡蛋在碗中打散。

❷ 在面粉中加入盐、蛋液和适量水，揉成面团。这时的面团比较粗糙，可以盖上保鲜膜，静置15分钟左右。

❸ 将面团取出再次揉匀。每隔15分钟就重复取出面团揉一次，大概三四次，面团就会变得光滑且富有弹性。

4 将揉好的面团最后再静置15分钟，然后取出，擀成一个均匀的大面片。

5 在面片上均匀撒上玉米面或干面粉，防止粘连。随后分别从上下两个方向将面片的两端向中间卷起。

6 凭个人喜好，将面片切成或粗或细的面条。

7 食指勾住面条中间，向上拉起将面条抖散就可以了。

蔬菜汁面的做法 >

材料	面粉	600克	菠菜汁	70毫升	紫甘蓝汁	70毫升
	胡萝卜汁	70毫升				

步骤

1 600克面粉分成三等份，每200克面粉加入一份菜汁。

2 用筷子慢慢将面粉搅拌成絮状，然后用手压成三色面团。

3 分别将面团包上保鲜膜，静置15分钟，然后再次取出揉匀。

4 揉好的面团再静置15分钟，可以用压面机压成薄片或擀成面片。

5 凭个人喜好，切成或粗或细的面条。做好的面条可以装进保鲜盒，放入冰箱冷冻保存，或晒干成挂面保存。按照个人饭量，随吃随取。

酱汁做法

辣椒油 >

材料

干辣椒	30克	白芝麻	适量	孜然粉	少许
蒜	3瓣	十三香	适量	生抽	适量
姜	2片	花椒粉	少许	菜籽油	适量

步骤

1 用干净的湿布将干辣椒上的灰尘擦干净。

2 不粘锅里加入少许菜籽油，小火将干辣椒炒香。辣椒的颜色变深时关火晾凉。

3 姜和蒜研磨成细腻的姜蓉和蒜蓉，辣椒捣成辣椒碎。

4 在大碗中加入姜蓉、蒜蓉、辣椒碎、白芝麻、十三香、花椒粉和孜然粉，然后倒入适量生抽把所有材料拌湿。

5 菜籽油倒入锅中烧热，趁热倒入调料碗中。

6 辣椒油晾凉后装入干净的玻璃瓶中就可以了。

复制酱油 >

材料

黄豆酱油	500毫升	五香粉	5克	清水	50毫升
白糖	250克				

步骤

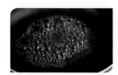

1 锅中加入清水，煮至沸腾。

2 转成中火，然后倒入酱油、五香粉搅拌均匀。

3 将白糖也倒入锅中，不停搅拌直至糖完全化开。

4 转小火熬制20分钟左右，撇去浮沫，关火，晾凉，倒入密封瓶中冷藏保存。

材料

香葱	100克	生抽	60毫升	白糖	30克
食用油	80毫升	老抽	50毫升		

步骤

1 香葱洗净，切掉葱白部分不要，绿叶部分切成5厘米左右的长段。

2 锅烧热后倒入油，用小火将葱段煎成焦黄色。

3 生抽、老抽和白糖混合均匀，倒入锅中，一起煮至起泡即可关火。

4 葱油放凉后，倒入干净的瓶子里密封，冷藏保存，需要时取用。

材料

大蒜	2头	菜籽油	适量

步骤

1 大蒜切成细末，尽量切得大小均匀，避免受热不均。

2 菜籽油倒入锅中，小火加热。

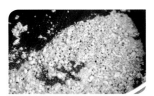

3 将蒜末下入油锅中，慢慢用小火炸成金黄色。

4 用漏勺将油沥干，炸好的蒜末放凉后即可密封保存。

番茄酱 >

材料	番茄	5个		盐	1茶匙		柠檬	1/2个
	冰糖	20克						

步骤

❶ 番茄顶部用刀划十字，底部的蒂用刀抠出。

❷ 锅中水烧开，放入番茄烫1分钟，捞出去皮，小心别烫手。

❸ 用手将番茄挤碎，不用太碎，有点果肉更有口感。

❹ 挤碎的番茄放锅中，加入冰糖，挤入柠檬汁，小火煮半小时以上。期间要搅拌以防烟底，待汤汁浓稠、没有太多水分时，加入盐拌匀，装瓶即可。

牛肉拌面酱 >

材料	牛肉	300克		蒜末	80克		五香粉	适量
	辣椒	400克		菜籽油	400克		花椒粉	适量
	熟花生碎	适量		郫县豆瓣酱	80克		白糖	适量
	熟芝麻	适量		甜面酱	20克		盐	少许
	姜末	20克		豆豉	30克			

步骤

❶ 牛肉、辣椒和豆豉切成碎末，牛肉可以切得略大一点，口感更好。

❷ 锅中倒入菜籽油烧热，下入牛肉碎，炒至牛肉变干。油可以多放一些，不容易烟锅且拌面的浇头油润些口感更好。

❸ 加入郫县豆瓣和甜面酱炒香，放入豆豉、姜末、蒜末和辣椒碎慢慢熬制。

❹ 放入五香粉、花椒粉和白糖，继续用小火熬至酱变得浓稠。

❺ 倒入花生碎和芝麻拌匀，根据自己的口味调入适量盐即可。

01
凉面、
拌面

爽口开胃
鸡丝凉面

🕐 20分钟　　🍳 简单

主料

面条	200克	黄豆芽	30克
鸡胸肉	100克		

辅料

火锅芝麻酱料	1盒	盐	1茶匙
香油	1茶匙	生姜	2片
料酒	1汤匙	香葱	2根

特色

鸡丝凉面是一道四川传统小吃，麻辣的调味料加上用冰水过凉的面条，吃起来非常爽口，绝对是夏季的开胃食物。

做法

1 鸡胸肉洗净，锅中倒入清水、鸡胸肉、1汤匙料酒、1茶匙盐、2片生姜。

2 大火烧开后转小火煮15分钟，至鸡胸肉全熟。

3 鸡胸肉捞出，按照纹理撕成细丝。

4 黄豆芽洗净、锅中烧开水将豆芽焯熟。香葱洗净切段。

5 煮鸡胸肉的同时煮面条，沸水中放入面条煮至全熟，捞出过凉水。

6 面条沥干，放入大碗中，加入1茶匙香油，用筷子搅散，放入豆芽。

7 把香葱段和鸡胸肉丝放入面条大碗中。

8 倒入火锅芝麻酱拌均匀即可。

烹饪秘笈

如果鸡胸肉很难撕开，可以将鸡胸肉放入保鲜袋中，用擀面杖将其敲散，可以更容易地将鸡肉撕开。

吃着舒坦

麻酱凉面

20分钟　　简单

主料

面条	500克	黄瓜	1根
绿豆芽	200克	胡萝卜	1根

辅料

芝麻酱	2汤匙	盐	适量
蒜	1头	鸡精	1茶匙
香葱	2根	白糖	1/2茶匙
去皮花生米	20粒	醋	2茶匙

特色

比起热汤面，夏天的时候，更多人会选择凉面。方便省事，也不会吃得大汗淋漓，还有别忘了，芝麻酱要慢慢调。

做法

1 黄瓜洗净，去蒂，切细丝。胡萝卜去皮，切细丝。

2 绿豆芽洗净。浸泡20分钟，捞出沥干。

3 蒜去皮，压成蒜泥。香葱去根，洗净切小粒。

4 炒锅不放油，小火将花生米炒香，盛出后晾凉，搓掉皮，切成花生碎待用。

5 烧一锅水，水开后下豆芽，焯烫30秒，捞出过凉，沥干。同样方法处理胡萝卜丝。

6 芝麻酱放入碗中，加水调稀，加蒜泥、盐、醋、白糖、鸡精拌匀。

7 烧水将面条煮熟。捞出后放入冷水中，充分凉透。

8 将面条捞出沥干，加黄瓜丝、胡萝卜丝、豆芽、芝麻酱、花生碎、香葱粒拌匀即可。

烹饪秘笈

稀释芝麻酱的时候，要少量多次地加水，每次加水搅拌到水与芝麻酱充分融合后再继续加水。配菜可以根据喜好选择各种时令蔬菜。

秦岭之上好风光
油泼扯面

🕐 30分钟　🍴 简单

主料

面粉	250克	小葱	3根
豆芽	100克	醋	1汤匙
小白菜	50克	辣椒粉	10克

辅料

花椒粉	2克	生抽	1汤匙
鸡精	2克	食用油	30克
盐	少许		

特色

油泼面是极具代表性的陕西面食。青菜爽脆，面条宽厚劲道，辣椒粉和花椒粉经过热油浇泼，香麻的味道扑面而来，犹如一曲激越高昂的秦腔。

做法

❶ 面粉加2克盐，边加水边搅拌，揉成质感柔软的面团，盖湿布或保鲜膜静置15分钟左右。

❷ 小葱洗净，切成末；小白菜掰下叶片洗净；豆芽洗净备用。

❸ 面醒好后，将面团反复揉捏至上劲，用擀面杖将面团擀成0.6厘米厚的面皮。

❹ 将面皮切成3厘米左右宽的长条，摆放整齐；豆芽焯烫好，立即捞出，放在碗中垫底。

❺ 将面皮一条条抓住，从面皮的两端扯开，让面皮变成大约0.3厘米厚的面片。

❻ 面片放入开水中煮熟。加入小白菜煮1分钟，捞出面和小白菜放在豆芽上。

❼ 加葱末、醋、盐、鸡精、生抽调味，将花椒粉、辣椒粉撒在最上面。

❽ 起炒锅倒油，烧至九成热，端起油锅将油趁热泼在面上即可。

烹饪秘笈

擀面皮时，可以在砧板和面皮上撒点干面粉，避免粘连。

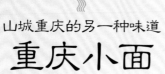

山城重庆的另一种味道
重庆小面

⏱ 30分钟　🔥 简单

主料

面条、时令蔬菜	各100克	生姜	1小块
肥猪肉	50克	小葱	2根
盐、鸡精	各2克	芽菜、榨菜	各20克
菜籽油	30毫升		

辅料

大蒜	2瓣	花椒	20粒
芝麻酱、生抽	各1汤匙	香油	2克
芝麻	3克	辣椒粉	20克
白糖	1茶匙		

特色

辣椒，菜叶，猪油，香汤，看起来不打眼的一碗面，制作和配料却处处显心思。味道嘛，连重庆人都喜爱得不得了，你说好不好？

做法

1 生姜洗净，切成末；小葱洗净，切成葱花；大蒜去皮，切成末。

2 肥猪肉洗净，切成薄片，放在锅中用小火慢慢煎至出油，捞出肉渣，猪油备用。

3 菜籽油烧至八成热时倒入芝麻和辣椒粉中，搅拌均匀，油辣椒就做好了。

4 芽菜、榨菜切成末，蔬菜择洗干净备用。

5 炒锅不加油，将花椒用小火炒香，关火晾凉后捣成细末。

6 在盛猪油的碗中放入除面条、蔬菜以外的所有材料，拌匀。

7 将面条和时令蔬菜煮熟，捞出沥水。

8 放入到拌好的调料中即可。

烹饪秘笈

丰富的调味料，给这道菜带来特别的风味。选购时留意用宜宾产的芽菜和重庆产的榨菜最好。熬制猪油的油渣可趁热撒上椒盐，也是相当美味的小菜。

金黄油润，筋道醇香
简版热干面

🕐 25分钟　　中等

主料

鲜面条	200克	酸豆角	1汤匙
榨菜	2汤匙	香葱	10克

辅料

芝麻酱	2汤匙	盐	1/2茶匙
香油	3汤匙	辣椒油	1汤匙
甜面酱	2茶匙	熟白芝麻	适量
生抽	1汤匙		

特色

热干面是武汉的特色早点。芝麻酱、甜面酱、香油与辣椒油给的是厚重感。清爽的萝卜干和酸豆角则穿透了浓厚，给舌尖带来一丝清新。

做法

1. 鲜面条放入开水中煮熟，注意火候，不要煮得太软烂，要保留面条的嚼劲。

2. 煮好的面条中拌入1汤匙香油，搅拌均匀，让每根面条都沾上香油。将面条摊开晾凉。

3. 香葱、榨菜、酸豆角切成小粒，不要切太碎，保持爽脆的口感。

4. 芝麻酱放入碗中，分次加入2汤匙香油，用筷子搅拌，将芝麻酱稀释。

5. 稀释的芝麻酱中加入甜面酱、生抽、盐，搅拌均匀成调料汁。

6. 晾凉的面条放入碗中，浇上调料汁。

7. 再撒上香葱末、榨菜粒、酸豆角粒和熟白芝麻，淋适量辣椒油，吃之前搅拌均匀即可。

烹饪秘笈

除了煮熟，也可以将鲜面条蒸熟，面条的口感会更干爽。但是香油要在下锅蒸面之前拌入面条，以防粘连。

重油重色，唇齿留香

宜宾燃面

🕐 30分钟　🔥 高级

主料

| 鲜面条 | 200克 | 宜宾芽菜 | 60克 |

辅料

食用油	适量	香油	1汤匙
花生仁	10克	葱花	少许
辣椒红油	1汤匙	生抽	1汤匙

外表亮丽，内心清冷。燃面就如红色的火苗燃烧着，舔舐着每一个味觉细胞，带给人不一样的感觉。

做法

1 鲜面条放入开水中煮熟，将面煮得稍微硬一些，尽量保留面条筋道的口感。

2 将面条用漏勺捞出，充分沥干多余的水分。然后加入辣椒红油和香油拌匀防粘。

烹饪秘笈

用辣椒油和香油拌面条时，油的用量需要以每根面条都均匀裹上油，而碗底又没有多余的油为宜。

3 买回来的腌制芽菜挤去多余的水分，用热锅冷油翻炒5分钟左右。

4 烘焙过的花生仁放在保鲜袋里，用擀面杖压成花生碎。不用压成细末，保留一些较大的颗粒口感会更好。

5 拌好的面条撒上炒好的芽菜、花生碎和葱花，淋上生抽拌匀即可。

快手美味
葱油拌面

🕑 30分钟　🔥 低级

主料

挂面	120克	食用油	40毫升
香葱	60克		

辅料

生抽	2汤匙	白糖	1汤匙
老抽	2汤匙	鸡精	1/2茶匙

特色

冰箱里储存一些易于保存，随用随取的拌面调料很是方便，葱油就属于这种"战备粮"。经历了生冷不忌，吃多了大鱼大肉，从冰箱里拿出葱油和挂面，烧一锅水，马上就能吃上一碗舒心的面条。

做法

1 香葱去根、去老叶，洗净，切掉葱白部分不要。

2 拿出几根切小粒，用来拌面。其余切成长段，用来炸葱油。

3 锅烧热，倒入油，小火将葱段煎成焦黄色。

4 再倒入生抽、老抽，用勺子搅拌均匀。先加入生抽和老抽，可使油降温，以免将白糖熬成焦糖。

5 加入白糖、鸡精，搅拌均匀使糖溶化，小火煮开即可关火。

6 另起锅加水烧开，下面条，煮熟后捞出放入碗中。

7 在面条上浇约1汤匙葱油汁，搅拌均匀。拌好的面条上撒少许香葱粒，吃之前拌匀即可。

烹饪秘笈

葱油拌面的面条要用挂面或者鲜的细面条。想葱油拌面好吃，面条一定不能粘、不能烂，煮熟即捞出，不要久煮。剩余葱油放凉后，倒入干净的容器里密封，冷藏可保存一星期。

老北京的至简美味

三合油香椿拌面

🕙 25分钟　🔥 简单

主料

鲜面条	200克	香椿	100克
黄瓜	100克		

辅料

食用油	2汤匙	醋	2汤匙
花椒	8粒		
生抽	10汤匙		

特色

香椿鲜嫩的叶片充满了春天的气息，有一种张扬并令人着迷的味道，在大众调料三合油的配合下，更加大放异彩。

做法

1 黄瓜洗净，切成细丝。香椿择洗净。

2 锅中加入足量水，水沸后放入香椿，余烫至水再次沸腾即可捞出，晾凉，切成碎末。

3 锅中放少许油，油热后放入花椒粒，小火炸出香气。

4 关火后捞出花椒粒，倒入生抽和醋，油、醋、生抽的比例大约为1：1：5。再次点火，小火加热半分钟左右熬制成三合油。

5 鲜面条煮熟，过凉水冲凉，沥干水分。

6 将黄瓜丝、香椿末放在面条上，倒入三合油拌匀即可。

烹饪秘笈

制作三合油时，还可以根据个人口味放少许盐、白糖调味。黄瓜丝和香椿也可依据喜好换成焯熟的豆芽、菠菜等时令蔬菜。

营养贴士

香椿树的嫩叶是春天的精华，含有丰富的钙、磷、钾、钠等矿物质元素和维生素E，可以补气血，对保持皮肤光滑、抗衰老有好处。

街头巷尾的平民美食

沙县花生酱拌面

⏱ 20分钟　🔥 简单

特色

花生汲取了泥土的精华，散发着迷人的乡土气息。其浓厚的香气大有铺天盖地之势，令唇齿为之着迷。

▌ 主料

鲜切面　200克　　青椒　　　1个

▌ 辅料

香葱　　　1根　　盐　　　　少许
花生酱　　5汤匙　食用油　2汤匙
生抽　　　2汤匙

── 烹饪秘笈 ──

如果拌面时，花生酱太浓稠无法拌开，可以加入几勺煮面条的汤稀释一下，就可以很容易地将花生酱拌匀了。

▌ 做法

❶ 香葱洗净，分别将葱白和葱绿切成碎末。

❷ 青椒去子、去蒂，切成和葱花差不多大小的碎末。

❸ 热锅冷油，将葱白碎用小火煸炒出香味，制成葱油备用。

❹ 将葱油浇在花生酱上，加入生抽、盐，用筷子慢慢搅拌成均匀细腻的酱汁。

❺ 面条煮熟，过凉水后沥干水分。

❻ 将面条放入大碗，加入葱绿碎、青椒碎和调好的酱汁，拌匀即可。

河南人的家乡味道

红薯蒜面条

⏱ 30分钟　🔥 中等

特色

这碗红薯面条充满了古都洛阳那雨后的青石板桥的气息，是空中浮荡的一抹乡愁。

主料

红薯面条200克　菠菜　1小把

辅料

蒜	5瓣	生抽	2汤匙
青椒	1根	醋	1汤匙
芝麻酱	1汤匙	香油	少许
盐	1/2茶匙		

烹饪秘笈

自制红薯面条时，白面团和红薯面团的比例大约为2：1。将白面团压扁包入红薯面团，收口后压平并擀成薄厚均匀的面饼，再切成面条即可。

做法

1️⃣ 菠菜洗净，切去老根，在沸水中烫至变色后，捞出备用。

2️⃣ 蒜拍扁，青椒切碎，放入钵中舂成泥。

3️⃣ 将蒜泥和青椒泥放入碗中，加入芝麻酱和少许温水拌匀。

4️⃣ 碗汁中加入盐、生抽、醋、香油调味，喜欢吃辣的还可以加入适量的辣椒油。

5️⃣ 锅中加入适量水煮沸，下入面条煮5分钟左右捞出。加入焯好的菠菜和调料汁拌匀即可。

鲜美纯正，营养加倍

XO酱牛肉笋丁
干拌面

🕑 40分钟　🔥 中等

主料

面条	200克	牛肉丁	100克
鞭笋（或冬笋）	200克		

辅料

食用油	适量	XO酱	30毫升
料酒	1汤匙	红尖椒	4个
盐	5克	青尖椒	4个
白糖	5克		

特色

鞭笋很脆，嚼起来声音很好听。牛肉嚼着略费力，但是能带来巨大的满足感。XO酱把这风格迥异的食物完美地结合在一起，用来拌面很香。

做法

❶ 牛肉丁加入1汤匙料酒和少许盐抓匀，室温下腌制20分钟左右。

❷ 等待牛肉腌制的过程中，可以处理其他配料。将鲜笋切成1厘米左右的小粒，青红尖椒切成圈。

❸ 汤锅中的水烧沸后加入半茶匙盐搅匀，放入笋粒焯烫，水再次沸腾时关火，用凉水将笋丁浸泡至冷却，捞出备用。

❹ 炒锅中加入比炒菜略多一些的油，烧到三成热，放入XO酱和白糖，慢火炒出红油，然后放入牛肉丁炒至变色。

❺ 加入笋丁和青红椒继续翻炒拌匀后即可关火。

❻ 面条煮熟后捞出过凉水，沥干水分后与菜码拌匀即可。

烹饪秘笈

如果是买了整条牛肉自己在家处理，可以先将肉洗净，切成5角钱硬币大小见方的肉丁。牛肉遇热后会收缩，炒后就会和笋丁的大小差不多。

营养贴士

鞭笋含有丰富的膳食纤维，不含脂肪，含有能分解体内脂肪的物质。牛肉含有丰富的蛋白质，少量脂肪，常吃对保持身材有好处。

酸酸甜甜，滑顺润喉
韩国冷面

🕐 25分钟　🔥 简单

主料

干冷面	200克	黄瓜	1/4根
酱牛肉	50克	白煮蛋	1个
梨	1/4个	辣白菜	40克

辅料

白糖、雪碧	各2汤匙	韩国辣椒酱	2茶匙
白醋	1汤匙	熟白芝麻	1茶匙
生抽	适量	盐	适量

特色

梨脆生生的，辣白菜很有嚼劲，白煮蛋软软的，牛肉是酱香的，汤汁酸酸甜甜的，面很筋道。这款冷面可算是夏季解暑佳品，又补充了多种营养。

做法

1 干冷面放入凉水中浸泡半小时以上。双手轻轻将冷面搓开，使面条根根分明。

2 梨去皮切大片。黄瓜洗净切丝。酱牛肉切大片。辣白菜改刀成粗丝。白煮蛋去皮切半。

3 将白糖、白醋、盐和雪碧放入小盆中，根据口味调整糖醋比例。加适量饮用水，拌匀成面汤。

4 往面汤里加入生抽，一点点加，一直调到满意的颜色。

5 泡好的冷面放入开水中，煮到水再次沸腾即可捞出。将煮好的冷面放在滤网上。

6 在流动水下用手搓洗到面条表面光滑没有黏液，然后沥干，放入面碗，堆成小山状。

7 注入冷面汤没过大部分面条。码上其他主料。

8 将辣椒酱放在面条上，撒上熟白芝麻，拌匀即可。

— 烹饪秘笈 —

喜欢肉香味的可以用煮牛肉的白汤做汤底，不要用红汤，颜色太重。还可以在冷面汤里加苹果醋或者梨汁，给冷面增加果香，让面汤的味道更有层次。

日式荞麦凉面

低热量的健康餐

🕐 15分钟　　🔥 简单

主料

荞麦面	100克

辅料

葱白	少许	海苔丝	少许
日式酱油	2汤匙	熟白芝麻	1茶匙
芥末	少许		

特色

荞麦看起来很低调，它从不张扬它顺滑弹牙的口感，也不自夸其所含的丰富的营养元素。总是安安静静的，却受到了大众欢迎。

做法

1 锅中加入适量水煮沸，下入荞麦面煮5分钟。

2 煮好的面捞出，放入冰水中降温，不时用筷子翻动面条，直至荞麦面彻底变凉。将面捞出，沥干水分。

烹饪秘笈

煮荞麦面时，可以在水沸后倒入小半碗凉水，待水沸后再重复一次即可。这样可以使面的口感更好，而且面条不易结块。

3 将荞麦面堆成小山的形状，在最上方撒上海苔丝和熟白芝麻。

4 葱白洗净，切成碎末，放入准备作为碗汁的小碗中备用。

营养贴士

荞麦属于低热量食物，含有丰富的膳食纤维。膳食纤维可以促进肠胃消化，同时可以带来饱腹感，有助于减肥。

5 小碗中加入日式酱油，有条件的可以加2块冰块，不仅可以给调味汁降温，还可以稀释酱油的咸度。如果没有冰块，用少量纯净水来稀释日式酱油就好。

6 碗汁中按个人口味加入芥末，随荞麦面一起上桌蘸食即可。

一碗清澈见底的冷汤面

冷汤荞麦面

🕐 20分钟　🔥 简单

主料

荞麦面	100克	金针菇	1小把
秋葵	3个		

辅料

山药	1/2根	味醂	2汤匙
葱花	少许	日式清酒	1/2汤匙
日式酱油	2汤匙		

特色

鲜气逼人的汤汁像是清澈见底的镜面，反射着富士山一般的山药泥，下面隐隐约约显出被覆盖的黑色荞麦的影子，好看又好吃。

做法

① 锅中加入适量水煮沸，下入荞麦面煮5分钟。将煮好的面捞出过两次冰水，沥干，装在大一些的汤碗中。

② 秋葵和金针菇洗净，分别在沸水中烫熟。秋葵煮1分钟，金针菇煮2分钟左右即可。

③ 将秋葵和金针菇过凉水，温度降到不烫手时，将秋葵切成0.5厘米左右的小段，整齐码在荞麦面旁。

④ 金针菇切小段；另将山药洗净，蒸熟，去皮，研磨成泥，与金针菇一起放在面上，并撒上少许葱花。

⑤ 纯净水、日式酱油、味醂和日式清酒按照5：1：1：0.5的比例调成冷汤汁。

⑥ 将冷汤汁沿着碗边轻轻倒入碗里即可。

烹饪秘笈

如果时间充裕，可以用昆布煮一锅日式高汤。用放凉的日式高汤替换纯净水作为汤底，可以使冷汤面风味更佳。

营养贴士

荞麦含有丰富的矿物质和B族维生素，可以帮助降低血脂和胆固醇，对高血压、心血管疾病有重要的辅助食疗的作用。

让你吃到饱的"硬货"

新疆大盘鸡拌面

⏱ 60分钟 🔥 高级

主料

裤带面	300克	青椒	1个
鸡	半只	红椒	1个
土豆	1个	洋葱	1/2个

辅料

食用油	适量	大蒜	5瓣
干辣椒	5根	生抽、老抽	各2汤匙
花椒粒、料酒	各少许	白糖	2茶匙
大葱	1段	盐	1茶匙

特色

大大的盘子里面有紧实的肉块，绵软入味的土豆块，翠绿的青椒块，还有隐藏着的裤带面。这碗"硬货"仿佛带有西北汉子粗犷的性格，让你吃得直呼过瘾。

做法

1 将鸡剁成适宜入口的鸡块，洗净后冷水入锅，水沸后捞出，再次冲洗干净。

2 炒锅内放入比炒菜略多一些的油，烧至五成热。下入花椒粒、干辣椒、葱、蒜翻炒出香气。

3 下入处理好的鸡块，煸炒至表皮有些焦黄，加入生抽、老抽、白糖、料酒翻炒上色。

4 锅内加入可以没过鸡块的开水，水沸后盖上盖子，转中小火慢炖40分钟左右。

5 炖鸡时，可以将土豆和青红椒、洋葱洗净，切成滚刀块。

6 鸡块的汤汁变得浓稠后，下入土豆块和青红椒、洋葱一同炖煮5分钟左右，并加入盐调味。

7 另起一口锅，水沸后下入面条，大火煮8分钟左右。

8 将面铺在盘底，盛上大盘鸡，再浇上一勺炖鸡的汤汁即可。

烹饪秘笈

鸡脖子、鸡肋等部分的肉比较少，可以根据自己的喜好选择替换成鸡翅或鸡腿等部位来烹饪。

入口筋道，回味甘甜
四川特色甜水面

⏱ 30分钟　🔥 中等

特色

弹牙的面有着坚韧不拔的特点，在热水洗礼之后也不会变得过分黏腻。

▓ 主料

手擀面　300克

▓ 辅料

芝麻酱	1汤匙	辣椒油	4茶匙
香油	1汤匙	大蒜	4瓣
白砂糖	2茶匙	花生碎	少许
花椒油	1茶匙	复制酱油	4茶匙

— 烹饪秘笈 —

复制酱油是需要自己熬制的酱油，里面有糖和一些香辛料，如果懒得做，可以直接用鲜酱油替代，但是风味不如复制酱油醇厚。

▓ 做法

1 大蒜去皮，捣成蒜蓉。大蒜皮如果不好去，可以先用刀拍扁、拍破蒜皮，就容易剥了。

2 芝麻酱用香油搅拌均匀，充分搅拌至可流动的稠糊状。

3 将蒜泥中放入复制酱油、白砂糖、辣椒油、花椒油，搅匀后，和芝麻酱混合制成调料。

4 手擀面放入沸水中煮熟，捞出一根掐断，没有白心即可。

5 将面条盛出后沥干水分，倒入调料搅拌均匀。

6 最后撒上花生碎即可。也可以撒一些熟芝麻，更提香。

02
热汤面

中原美食的代表作

河南羊肉烩面

🕙 140分钟　🔥 高级

主料

| 烩面（扯面） | 300克 | 羊肉 | 500克 |

辅料

香菜末	适量	八角	1个
豆腐丝	适量	草果	1个
海带丝	适量	花椒	10粒
盐	1茶匙	桂皮	1片

特色

集草原之精华，养天地之美味，羊肉散发出令人垂涎的气息。这碗面，能给你飞奔的力量。

做法

① 羊肉和羊骨用清水洗净，冷水入锅煮至水沸，将浮沫撇净，放入用纱布袋包好的八角、草果、花椒和桂皮，转小火慢炖2小时左右。

② 将炖好的羊肉捞出，切成薄片。

烹饪秘笈

烩面最重要的就是要炖一锅好的羊肉汤作为汤底。炖肉时可以在锅中放一两颗山楂，山楂中的脂肪酶和山楂酸可以促进脂肪分解，同时提高蛋白分解酶的活性，让肉更易熟烂。

③ 另起锅，加入一碗炖好的羊肉汤，然后放入海带丝、豆腐丝，大火烧开。

④ 取一片做好的烩面片，两手各拉一头，均匀用力将面片扯成面条。将扯好的面条沿中线撕成两半，更宜入口。

⑤ 将面条下入锅中，煮5分钟左右，加入盐调味。

⑥ 最后将面连汤盛入碗中，放入切好的羊肉片，撒上香菜末，根据个人口味可以再加一些胡椒粉或辣椒油即可。

让人暖意融融的热汤面
羊肉汤面

🕐 75分钟　🔥 中等

主料

鲜面条	200克	羊肉	300克

辅料

盐	1茶匙	白糖	1茶匙
姜	3片	白酒	少许
八角	1个	香菜	2棵
花椒	10粒	香葱	2根
花椒粉	少许		

特色

羊肉温补暖身，适合在秋冬季节食用。羊肉经过长时间的炖煮之后肉质酥软，香味四溢，汤汁水脂交融，鲜而不膻。

做法

1 羊肉切厚片，在冷水中浸泡5分钟，洗去多余的血水。

2 洗好的羊肉冷水下入锅中，水沸后撇去浮沫，将焯好的羊肉块捞出，羊肉汤留下备用。

— 烹饪秘笈 —

如果不喜欢羊肉的膻腥味，可以将白萝卜切成滚刀块，同羊肉一同炖熟，可以调剂口味，使肉味更加醇香。

3 砂锅中倒入一碗清水，放入八角、姜片、花椒煮开，焯好的羊肉块也捞到砂锅中，加入羊肉汤大火煮开。

4 煮开后转中小火，加入盐、白糖、白酒再次烧开，撇去浮沫。盖上锅盖，小火慢炖1小时左右。

营养贴士

羊肉营养丰富，常吃既可抵御风寒又可补养身体，最适宜秋冬季食用，故被称为冬令补品。

5 香菜和香葱切成碎末，放入碗底，再放少许花椒粉和盐。羊肉煮好后盛两勺汤将碗底的调料烫一下。

6 另取一只汤锅，将面条煮熟盛入步骤5的碗中。在面上放上炖好的羊肉即可。

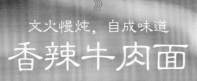

文火慢炖，自成味道

香辣牛肉面

🕙 70分钟　🔥 中等

主料

鲜面条	300克	油菜	2棵
牛肉	500克		

辅料

葱	1/2根	郫县豆瓣酱	1汤匙
姜	2片	冰糖	1小把
蒜	2瓣	老抽	1汤匙
草果、八角	各1个	生抽	2汤匙
花椒	1汤匙	料酒、食用油	各适量

特色

同样的名字，不一样的味道。习惯了方便面的味道，偶尔尝尝自己DIY的香辣牛肉面，也是一件美事。

做法

1 牛腩切成麻将牌大小的肉块，冷水下锅煮沸，水沸后1分钟左右捞出备用。将焯牛肉的汤滤去杂质后备用。

2 葱、姜、蒜切片。热锅冷油，下入郫县豆瓣酱炒出红油，再放入葱姜蒜爆香，接着下入牛腩块翻炒。

── 烹饪秘笈 ──

郫县豆瓣酱和酱油本身都带有咸味，如果担心汤底不够咸，可以在牛肉炖好后再放入盐来调味。

3 牛肉均匀裹上豆瓣酱后，加入生抽、老抽、料酒、冰糖翻炒均匀。

4 锅中加入500毫升开水，大火烧开。将草果、八角、花椒用纱布包好，也放入锅中。

营养贴士

牛肉味道鲜美，蛋白质含量高。冬季食用牛肉有暖胃的功效。牛肉脂肪含量低，一直受到健身人士的喜爱。

5 将锅中的食材倒入高压锅，焖至软烂。炖肉的过程中，将油菜洗净，在沸水中烫熟备用。

6 面条在沸水中煮熟，沥干水分，放入大碗中。摆入烫好的小油菜，浇上炖好的牛肉和汤汁即可。

东北家常味
小鸡炖蘑菇面
⏱ 95分钟　🔥 中等

主料

手擀面	200克	榛蘑	50克
土鸡	半只		

辅料

姜	2片	盐	1/2茶匙
葱段	适量	食用油	适量
老抽	2汤匙		

特色

小鸡炖蘑菇是东北硬菜之一，用来配面条也是一绝。东北老林子里面藏着的蘑菇，有着山林的气息，搭配野地里放养的土鸡，味道最好。

做法

1 土鸡洗净斩块。榛蘑用温水泡开后，用清水洗去泥沙，重新倒入温水，继续将榛蘑浸泡一会儿。

2 锅中放入足量的水，将鸡块凉水下锅焯水，大火烧开。水沸后将鸡块捞出，清洗干净；汤撇去浮沫备用。

烹饪秘笈

超市买的肉鸡可以适当缩短焖煮时间，因为土鸡的肉更加紧致，需要较长时间才能炖烂。

3 炒锅放适量油，放入姜片、葱段爆香，加入焯好的鸡块翻炒均匀。

4 倒入没过鸡块的开水，加入老抽大火烧开。水沸后盖上锅盖，转小火炖1小时左右。

5 1小时后倒入榛蘑和泡榛蘑的水，加入盐调味，继续炖半小时后盛出。

6 另取一锅，加足量水煮沸，下入手擀面煮熟。面熟后捞出，放入碗中，将小鸡炖蘑菇连汤带料盛入面碗中即可。

会搭配，更美味

竹荪鸡汤龙须面

🕐 80分钟　　🔥 中等

‖ 主料

龙须面	200克	竹荪	5根
土鸡	半只		

‖ 辅料

姜	2片	盐	1茶匙
大葱	1/2根	枸杞子	少许
胡椒粉	少许	葱花	少许

特色

白色竹荪像渔网一样，嚼起来脆生生的，鲜味十足。鸡汤浓厚醇香，氤氲着雾气。龙须面潇潇洒洒，随汤摆动。

‖ 做法

1 土鸡洗净斩块；干竹荪用淡盐水泡开，剪掉根部白圈，洗净备用。

2 锅中放入足量水，将鸡块凉水下锅焯水，大火烧至水沸后，将鸡块捞出清洗干净；汤撇去浮沫备用。

烹饪秘笈

炖鸡汤不需要像炖排骨一样放花椒、八角、桂皮等去腥，只需要几片生姜就可以了。太重的调料味道会影响鸡汤的鲜美。

3 砂锅中倒入鸡汤，放入姜片、葱段和焯好的鸡块，大火烧开，随后转小火，盖上锅盖，慢炖1小时左右至鸡块软烂，加盐调味。

4 将竹荪剪成拇指长的段，和枸杞子一同放入砂锅中，继续煲10分钟左右，加胡椒粉调味。

营养贴士

竹荪有"刮油"的作用，可以带走肠道中多余的脂肪，从而产生降血脂和减肥的效果。而鸡汤可以补钙，增强免疫力。

5 另取一锅加足量水煮沸，下入龙须面煮熟，面熟后捞入鸡汤中，撒葱花即可。

清爽顺滑，缓解油腻

青菜鸡蛋汤面

⏱ 20分钟　🔥 简单

主料

挂面	200克	鸡蛋	1个
广东菜心	3棵		

辅料

食用油	少许	生抽	1汤匙
盐	1/2茶匙	葱花	少许

特色

菜心翠绿鲜嫩，咬起来清爽脆滑。煎蛋带着少许油花，装点了整个素面。这碗面解腻开胃，顺口顺心。

做法

1 平底锅放入一点油，油热后打入一个鸡蛋煎熟。

2 另取一只汤锅，加入足量水煮沸，下入挂面煮熟。

3 煮面的过程中，将菜心洗净，大棵菜心可以切去老根后对半剖开。

4 取一只汤碗，碗里放入生抽和盐。

5 面煮熟后，盛一勺面汤到碗中和调料拌匀，再将煮好的挂面放入碗中。

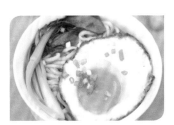

6 用锅中剩余的水，快速将菜心烫熟。将菜心和煎蛋摆在面上，撒上葱花即可。

烹饪秘笈

煮面的时候可以加入一点醋，醋可以中和面条中碱的味道，也可以保持面条的韧性，使面条更加爽滑，不易粘连。

营养贴士

菜心品质柔嫩，营养丰富，有丰富的膳食纤维和维生素。鸡蛋富含蛋白质、卵磷脂，对大脑发育具有很好的作用。

鲜掉眉毛

鱼头汤面

🕐 40分钟　　🥄 中等

⫶ 主料

鲜面条	300克	鱼头	1个

⫶ 辅料

水萝卜	2个	姜	1块
食用油	适量	蒜	5瓣
盐	适量	料酒	1汤匙
香葱	4根		

特色

奶白色的汤汁香气四溢，咕嘟咕嘟冒着泡泡，鲜味从锅盖边缘悄悄溜出来，渐渐充满了整个厨房。怎么样，元气高汤，来一碗不？

⫶ 做法

❶ 萝卜洗净切片；姜、蒜切片；葱白切小段；鱼头斩成大块备用。

❷ 锅中加适量油，油热后下入葱姜蒜，略炒一两分钟，炒出香味，下入切块的鱼头，煎至两面金黄。

烹饪秘笈

用鱼肉炖汤前，必须把鱼鳃去除干净，因为鱼鳃是整只鱼头中最腥的部分。去掉鱼鳃后，将鱼头在淡盐水中浸泡5~10分钟，可以更好地达到去腥效果。

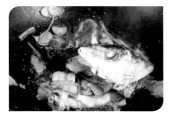

❸ 鱼头煎好后，加入适量水，水量可以宽一些，大火烧开。水沸后撇去浮沫，转中火继续煮10分钟。

❹ 10分钟后，下入萝卜片，加入盐，继续炖煮5分钟左右至萝卜熟透，再加料酒即可。

营养贴士

∨

鱼肉和鱼头都含有丰富的不饱和脂肪酸，但鱼头里面有鱼肉没有的卵磷脂，而这种物质能降低血脂，延缓衰老。

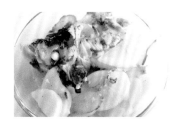

❺ 将鱼汤滤去杂质，汤用来作为煮面的汤底，再在余料中挑出萝卜和鱼肉，鱼刺剔去不要。

❻ 另取一只汤锅，将鱼汤、萝卜和鱼肉下入锅中，再加一碗开水煮沸，水沸后下入面条煮熟，加少许盐提味即可。

小火煨出的鲜美
雪菜黄鱼煨面
🕐 60分钟　🔥 高级

主料

手工面	300克	雪菜	少许
小黄鱼	5条		

辅料

食用油	适量	生抽	2汤匙
料酒、醋	各1汤匙	葱片	少许
盐	1/2茶匙	姜片	少许
辣椒粉、白胡椒粉	各少许	蒜片	少许
白糖	1茶匙		

特色

雪菜是穿着绿色长裙的森系姑娘，安静素雅，见之忘俗。黄鱼肉白嫩肥美，勾动口腹之欲。这种搭配，雅俗共赏。

做法

1 小黄鱼处理干净，刮去鱼鳞，剁去头尾，沿着骨头将正反面的肉片下来。

2 头尾和骨头用厨房纸巾吸干水分备用。切下的鱼肉加入料酒、白糖、生抽腌制20分钟左右。

3 炒锅加入适量油，下入葱姜蒜片爆香后，将鱼骨和头尾下锅煎至金黄。

4 倒入两大碗开水，大火煮滚开后加1汤匙醋，大火快煮熬制成浓白的鱼汤。

5 另起锅加少许油，将腌制好的黄鱼肉片两面煎熟，盛出。用锅底余油将雪菜末煸炒均匀。

6 鱼汤熬好后，滤掉鱼骨，放入炒好的雪菜和煎好的黄鱼肉，小火炖煮至入味。

7 面条煮熟后捞出沥水，放入鱼汤锅中，小火煨到面条入味。

8 面条煨好即可关火，调入辣椒粉、白胡椒粉和盐调味即可。

> **烹饪秘笈**
>
> 煮鱼汤时点入少许醋，不仅可以提鲜去腥，还可以帮助钙质析出。

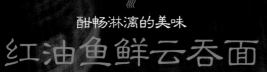

酣畅淋漓的美味

红油鱼鲜云吞面

🕐 35分钟　🔥 中等

主料

挂面	150克	无刺鱼肉	400克
面粉	500克		

辅料

鸡蛋	2个	香菜末	少许
木耳	适量	五香粉、盐	各适量
葱花、香油	各少许	花椒油、辣椒油	各适量
橄榄油、虾皮	各1汤匙	碱面	2克
酱油	2汤匙	食用油	适量

特色

鱼肉剁碎之后像雪花一样，软软白白的，做成丸子十分弹牙，滑滑嫩嫩，加上木耳和香菜，又增添了不少风味。

做法

❶ 面粉加入适量水、盐和碱面，和成较硬的面团，盖上保鲜膜，醒20分钟左右。

❷ 热锅凉油，倒入打散的鸡蛋液炒碎备用。木耳泡发洗净，焯水后切成碎末。

❸ 鱼肉剁碎后加入蛋碎、木耳碎、葱花、橄榄油、酱油、香油、盐、五香粉拌匀上劲。

❹ 醒好的面团均匀扑上一层面粉，擀成薄厚均匀的面皮。擀好以后切成手掌大小的四方块。

❺ 将云吞皮放在掌中，填上馅料后将手指握起来，握成馄饨，这样的方法包制馄饨非常快。

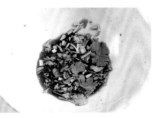

❻ 取一只大碗，放入香菜末和虾皮，加入适量盐、辣椒油、花椒油、酱油调好备用。

❼ 将馄饨和挂面煮熟，盛入调料碗中，浇适量面汤即可。

烹饪秘笈

为了让云吞皮不会粘在一起，擀面皮时需要多放一些面粉防止粘连。如果担心因此包不牢，可以在包云吞前，用手指蘸点清水将面皮四周打湿，就可以增加云吞皮的黏性了。

柔滑香浓的美妙滋味
鲜虾乌冬面

⏱ 20分钟　🔥 简单

主料

鲜乌冬面	1包	鱼丸	3个
大虾	2个	油菜	2棵

辅料

高汤调料	1份	食用油	少许
盐	少许		

特色

市面上卖的很多乌冬面都是熟的，烹制起来很快，可以加上任何自己喜欢的配料，像方便面一样简单。

做法

1 大虾洗净，剪去虾须和头部尖刺，用牙签从虾背第二节的缝隙插入，挑出虾线。

2 油菜洗净，去掉老叶，留菜心的部分，对半剖开成两半。

3 烧一锅清水，水沸腾后放少许盐和油，下油菜焯烫一下后捞出。油菜易烂，略烫一下即可。

4 下鱼丸煮熟，煮到鱼丸漂起来，体积变大后捞出待用。下大虾烫到虾变红卷曲后捞出。

5 最后放入乌冬面，煮到乌冬面散开，恢复弹性即可捞出，装入汤碗。

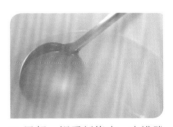

6 另起一锅重新烧水，水沸腾后放入高汤料，煮成高汤。

7 煮汤的同时将煮好的大虾、鱼丸和油菜摆在乌冬面上。

8 沿着碗边缓缓注入煮好的高汤，不要破坏摆好的食材，汤面略高于乌冬面即可。

烹饪秘笈

菜谱中分步处理食材的方法是为了使成品更美观。真空保鲜装的乌冬面本身就是熟的，煮软了就好，油菜要最后放，烫得太烂会影响口感。

心头最温柔的白月光

海鲜沙茶面

🕑 40分钟　　🔥 高级

主料

碱水油面	150克	小油菜	2棵
豆泡	6个	鱼丸	2只
鲜虾	6只	鱿鱼	1只
绿豆芽	1把		

辅料

食用油	少许	蒜	2瓣
沙茶酱	2汤匙	白糖	少许
花生酱	1汤匙	盐	少许

特色

用秘制沙茶酱汁所做的面，源于儿子对母亲的深深的感情。看似杂七杂八的"乱煮"，实则把海的味道全部融合在简简单单的一碗面里。

做法

1. 碱水油面放入开水中，煮5分钟左右，捞出过冷水，放入大碗中备用。

2. 绿豆芽和小油菜洗净，用煮过面条的汤烫熟，铺在面条上方。

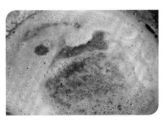

3. 鲜虾留2只完整的，其余去头、剥壳洗净。汤锅中加水，放入虾头和虾壳煮成虾汤备用。

4. 另取炒锅，放入少许油，烧热后加入沙茶酱和花生酱炒香。

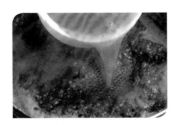

5. 将虾汤中的虾壳和虾头捞出，滤出的汤倒入炒锅中再次煮沸。

6. 同时，将豆泡对半切开；鱿鱼除去表面的黏膜和内脏，切成圈；蒜切末备用。

7. 汤沸腾后，下入鲜虾烫熟后放在面条上；再放入豆泡、鱼丸、鱿鱼圈依次煮熟后捞出，摆在面条的周围。

8. 将蒜末放在面条最上方。向一直在锅里滚开的汤汁中加入少许白糖和盐调味，趁热舀出几勺到面条中即可。

烹饪秘笈

碱水油面也可用其他筋道面条代替。制作正宗的沙茶面，选用闽南品牌的沙茶酱风味更佳。

轻脂轻体

海米鸡毛菜热汤面

🕙 30分钟　🔥 简单

主料

挂面	200克	猪肉末	50克
鸡毛菜	50克	海米	1小把

辅料

食用油	1汤匙	淀粉	1/2汤匙
生抽	1/2汤匙	盐	1/2茶匙
料酒	1汤匙	胡椒粉、葱花	各少许

特色

虾米虽小，却很好地保留了海水的记忆，鲜味十足，在汤水里面畅游着，一会躲进了绿色的海草里，一会又露出头来。

做法

❶ 鸡毛菜洗净，用手顺着纹理撕成一片片的叶子备用。

❷ 猪肉末加入料酒、生抽、淀粉抓匀，腌制10分钟入味。

烹饪秘笈

晒干的海米可以用研磨器捣碎成粉状，即可作为自制"味精"。在炒菜或煮汤时放上一勺，不仅可以提鲜，还可以补钙。

❸ 在炒锅中放入适量的油加热，下入海米翻炒出香味。炒好的海米推到锅边，下入猪肉末翻炒至变色。

❹ 在锅中添入两大碗水煮沸，水沸后下入挂面。

营养贴士

鸡毛菜含有大量膳食纤维，使人有饱腹感，还能促进肠胃蠕动，预防便秘，缓解精神紧张。

❺ 水再次沸腾时，下入鸡毛菜烫熟，并加入盐、胡椒粉调味。

❻ 挂面和鸡毛菜都煮熟后，关火，撒上少许葱花即可。

开胃醒脑又提神
陕西酸汤面
⏱ 30分钟　👨‍🍳 中等

主料

鲜切面	300克	黄瓜	1/2根
洋葱	1/2个		

辅料

食用油	适量	辣椒酱	1汤匙
葱	少许	盐	1/2茶匙
姜	少许	醋	少许
蒜	2瓣	老抽	少许
花椒粒	少许	白胡椒粉	少许

特色

鲜气逼人的汤汁像是清澈见底的镜面，反射着富士山一般的山药泥，下面隐隐约约显出被覆盖的黑色荞麦的影子，好看又好吃。

做法

❶ 洋葱、黄瓜洗净，切成1厘米见方的丁；香菜洗净切碎；葱、姜、蒜切片备用。

❷ 热锅凉油，将花椒粒炸出香气后捞出，然后下入葱姜蒜，炝锅后再次捞出。

❸ 加入辣椒酱，小火煸炒，炒出红油后下入洋葱和黄瓜丁炒香。

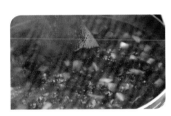

❹ 加入盐和醋翻炒匀后，倒入清水，大火烧开。汤沸腾时滴入几滴老抽，撒入白胡椒粉制成酸汤。

❺ 另取一只汤锅，放入适量清水烧开，将面条煮熟。

❻ 将煮好的面条捞出放入空碗，浇入酸汤即可。

--- 烹饪秘笈 ---

辣椒面里放入适量盐和芝麻拌匀，将一勺油烧至八成热，浇在辣椒面上即可制成油泼辣子。在陕西的小吃中，不管你是吃酸汤面还是凉皮，油泼辣子都是最佳拍档。

香气缭绕

阳春面

⏱ 30分钟　🔥 中等

主料

| 猪肥肉 | 250克 | 切面 | 500克 |

辅料

| 香葱 | 3棵 | 盐 | 适量 |
| 生抽 | 1汤匙 | 高汤 | 适量 |

特色

小学课本里读到了《一碗阳春面》的故事。字里行间散发着一股清香，边咽口水边学完了它，不吃到嘴里怎么会甘心呢？

做法

1️⃣ 猪肥肉洗净切小丁。香葱去根洗净，2棵切大段，1棵切末。

2️⃣ 肥肉丁和葱段放入炒锅中。

3️⃣ 倒入1杯清水大火烧开。加清水可使葱不易煳，香味充分释放。

4️⃣ 中火煮至肥肉变透明，水分慢慢蒸发。转小火继续煮至水分完全蒸发，肥肉开始出油。

5️⃣ 肥肉丁逐渐变小变干，颜色金黄。关火，将猪油过滤后倒入干净无水的耐高温可密封器皿中（可冷藏保存）。

6️⃣ 在面碗里放入适量盐、约1汤匙生抽、2茶匙猪油，倒入开水或高汤冲开。

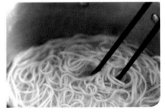

7️⃣ 汤锅内加足量水，水开后将切面抖散后下入锅内，用筷子拨散，水再次烧开后转中火。

8️⃣ 煮至面熟捞出，在漏勺上沥去水，放入汤碗中，撒入香葱末即可。

烹饪秘笈

做阳春面的面条要细而筋道，不能一煮就烂，所以不推荐挂面，最好选用鲜切面。面汤要宽，有高汤最好，没有的话用开水也可以。阳春面香味的精髓主要来自于猪油，因此猪油作为调料必不可少。

红油鲜亮的川蜀滋味

老成都担担面

🕐 35分钟　🔥 高级

主料

鲜切面	250克	小油菜	40克
猪肉末	80克	芽菜	60克

辅料

盐	少许	辣椒油	25毫升
酱油	2茶匙	豆豉	15克
醋	1茶匙	料酒	1汤匙
香葱	30克	熟白芝麻	5克
大蒜	30克	食用油	适量

特色

香香的、辣辣的担担面来了哦。你看，亮亮的红油闪着光，翠绿翠绿的菜叶，看着就好吃。

做法

1 将香葱、蒜切碎；芽菜、豆豉切碎末；买回来的现成的猪肉末最好再剁一会儿，让肉末更加细腻。

2 锅中放油烧热，爆香一半蒜末和一半葱末，放入肉末，中小火煸炒。

3 将肉末煸至有油分析出，逐渐变酥变香。

4 放入豆豉和芽菜、料酒，翻炒均匀，直至香气浓郁，盛出备用。

5 将盐、醋、酱油、辣椒油、剩下的葱末、蒜末及熟白芝麻放入碗中，搅拌均匀，制成调味汁备用。

6 将小油菜洗净，如果比较粗的，可以纵切成两半或四份，入水焯至变色后捞出备用。

7 将面条煮熟后捞出，放入碗中，加入小半碗面汤。

8 倒入调味汁搅匀，放上焯熟的小油菜，并浇上炒好的芽菜肉末即可。

烹饪秘笈

如果家中有鸡汤，也可以用鸡汤当作盛入碗中的汤底，味道更佳。无论是自己亲手熬的，还是用高汤料冲调的，都可以。宜宾芽菜是必不可少的辅料，现在买到的多数是已经切好的碎末袋装的。

舌尖上的筋道、滑嫩

片儿川

🕐 25分钟　🔥 中等

主料

碱水面	300克	雪菜	50克
猪瘦肉	100克	笋	1只

辅料

食用油	适量	淀粉	1/2汤匙
料酒	1汤匙	盐	适量

特色

片儿川是杭州最著名的家常面食之一。杭州话"片儿"就是指片状的食材,"汆"与"川"读音相近,入水汆熟的面,最后就被叫成了"片儿川"。

做法

① 猪肉切成片,加入少许盐、料酒和淀粉腌制5分钟左右。

② 腌肉的过程中将笋切成薄片,雪菜切碎待用。热锅冷油,滑入腌制好的肉片炒至变色。

烹饪秘笈

片儿川的浇头通常会随着季节变化而调整,冬天常用雪菜、笋片、肉片,而夏天笋片则会替换为茭白。

③ 放入笋片和雪菜一同翻炒2分钟左右,加入一碗开水煮沸,根据个人口味调入少许盐,转小火并盖上锅盖,将汤头保温。

④ 另取汤锅,水沸后下入面条,煮至断生后捞出。煮面的时间不要过长,煮得太过面条就没有嚼劲了。

营养贴士

雪菜组织较粗硬,含有大量膳食纤维,可防治便秘。雪菜中丰富的胡萝卜素则对眼睛有好处。

⑤ 煮好的面捞至保温的汤底中,转大火煮至再次沸腾即可。

温润经典的暖心汤面
香菇肉丝面

🕐 45分钟　🔥 中等

主料

挂面	200克	香菇	10朵
猪肉	200克		

辅料

蒜	3瓣	白糖	1/2茶匙
料酒	1汤匙	淀粉	1/2汤匙
老抽	1汤匙	香葱	1根
蚝油	1汤匙	食用油	适量
盐	1茶匙		

做法

1 香菇蒂朝下，在清水中浸泡20分钟，让杂质自然落下后，冲洗干净，去掉香菇蒂，切丝，入沸水焯约2分钟，捞出沥水。

2 猪肉切丝后放在碗中，加入料酒和淀粉抓匀备用。蒜切片，香葱切碎备用。

3 锅中放油烧热，放入蒜片爆香。

4 锅中放油，烧至七成热时加入蒜片爆香，加入肉丝滑炒至变色后加入香菇丝继续翻炒。

5 调入蚝油、老抽、白糖和盐后大火翻炒，注入没过食材约5厘米的沸水，调中小火熬煮15分钟，至汤味香浓。

6 另取一汤锅，水沸后加入挂面煮熟，捞出放入碗中，加入熬好的香菇鸡丝汤，撒香葱碎即可。

特色

香菇如同一朵朵张开的小伞，散发出使人魂牵梦绕的神秘气息。粉红的肉丝和洁白的面条，缠绵出一曲美味的赞歌。

--- 烹饪秘笈 ---

泡香菇的水留着别扔，无论是干香菇还是鲜香菇，浸泡过的水滤去杂质入菜都更能激发蘑菇的香味。一次不用太多，一点点就足够提鲜。

营养贴士

香菇有"山珍之王"的美誉，含有多种氨基酸和维生素。香菇中的香菇多糖可调节人体内有免疫功能的T细胞活性，增强人体抗病能力。

浓油赤酱的上海味道

红烧肉排卤蛋面

🕐 50分钟　🔥 中等

主料

鲜切面	200克	鸡蛋	1个
猪里脊肉	2块	卤蛋	1个

辅料

面粉	少许	小白菜	2棵
葱丝、姜丝	各少许	生抽	2汤匙
老抽	1汤匙	食用油	适量
白糖	3茶匙		

特色

大排面是上海街头巷尾到处都有的主角，敲、浸、炸、煮，一道程序都不能少。咬一口大排，咸香中带着甜，一边吃肉一边吸面，这就是地道的上海味道。

做法

❶ 用刀背拍松猪里脊，正面和反面都多敲几下。拍松的猪排加入生抽，腌制15分钟左右。

❷ 鸡蛋磕入大碗中打散，将腌好的猪排在蛋液里滚一下，两面都裹上蛋液。

❸ 裹上蛋液的猪排再放入面粉里打滚，均匀裹上面粉。

❹ 油锅下宽油炸猪排，猪排浮起来后翻面，炸到两面金黄后起锅，沥干油备用。

❺ 另起油锅，放2汤匙炸猪排的油，再次烧热，下葱姜丝爆香，加入白糖，中小火烧到白糖完全化开、冒出泡泡。

❻ 加老抽和水，小火熬10分钟左右。这个时候将面条和小白菜另起一锅煮熟，盛出装入碗中。

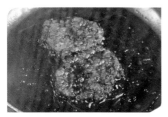

❼ 红烧汁熬好后，下入炸好的猪排，烧到猪排吸收了浓浓的汤汁后，连同汤汁和猪排一起盛入面碗中即可。

烹饪秘笈

敲打猪排需要用力打到筋骨全散，看到猪排的体积明显变大才行，敲猪排的程度决定了猪排是否会柔软松嫩，一定不能偷懒哦！

暖暖养胃的一锅好汤
猪肚排骨面

🕐 60分钟　🔥 中等

▓ 主料

龙须面	200克	猪肋排	300克
卤猪肚	400克		

▓ 辅料

盐	1茶匙	葱花	少许
姜	2片	胡椒粉	少许

特色

弹牙的猪肚经得住数次熬煮，才会令食客们唇齿留香。肋排酥软，与猪肚形成鲜明的对比，带来多重享受。

▓ 做法

❶ 排骨用清水浸泡一会儿，洗去血水。猪肚切成肚丝备用。

❷ 将排骨放入高压锅中，加入姜片炖熟。

❸ 排骨炖至软烂后，放入肚丝，和排骨一起用高压锅再炖12~15分钟。

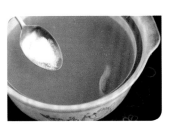

❹ 炖好的汤撇去浮沫，加盐、胡椒粉调味。

❺ 另起一锅，水沸后下入龙须面煮熟。

❻ 将面盛到排骨肚丝汤中，撒上葱花即可食用。

烹饪秘笈

猪肚美味却不容易清洗干净。新鲜的猪肚买回来后，将猪肚剪一个小口子，把内面翻出来，用小刀一点点把上面的残留物刮干净。接着用面粉揉搓猪肚5分钟左右，再用清水冲洗干净。

营养贴士

猪肚嚼着很有弹性。猪肚可以补脾胃，与排骨一同煲煮，增加了丰富的骨胶原蛋白，对补充钙质有很大帮助。

菠菜猪肝面

🕐 40分钟　🔥 中等

主料

鲜面条	300克	猪肝	200克
菠菜	150克		

辅料

食用油	适量	淀粉	1/2汤匙
香葱	1根	料酒	1汤匙
姜	2片	盐	1茶匙

特色

猪肝软糯香滑，无论是热炒还是凉拌，总能胜任主角。菠菜好似"红嘴绿鹦哥"，将整碗面点缀得生动起来。

做法

1 菠菜洗净，切成手指长的寸段备用。

2 新鲜猪肝用清水冲洗净，切成薄片。用清水浸泡一会儿，泡出多余血水，倒掉后再重复浸泡清洗三四次，直至水变得干净。

烹饪秘笈

炒猪肝的火要大，油要热，这样既能保持猪肝中的水分不流失，口感更为鲜嫩，而且也能去除猪肝的腥气。

3 香葱、姜切成细末，放入盛有猪肝的碗中抓匀，调入淀粉、料酒和半茶匙盐，再次抓匀，盖上保鲜膜，腌制10分钟左右。

4 热锅热油，下入腌制好的猪肝爆炒，直至猪肝变色。

营养贴士

猪肝和菠菜均含有丰富的铁元素，可以预防贫血。猪肝还有丰富的维生素A，对保护视力、预防夜盲症有好处。菠菜丰富的膳食纤维有助消化。

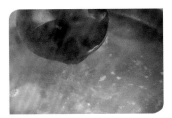

5 锅中加入适量清水煮开，并用汤匙撇去表面的浮沫。

6 水沸后，下入面条，煮至面条八成熟时，将菠菜下入锅中，与面一同烫熟，加入半茶匙盐调味，即可出锅。

简单又方便的美味
雪菜肉丝面

⏱ 20分钟　🔥 中等

特色

雪菜经腌制之后，散发着诱人的气息，又吸收了肉丝的醇香，格外引人食欲。

⫴ 主料

挂面　　150克　雪菜末　100克
猪肉丝　100克

⫴ 辅料

食用油　3汤匙　盐　　1/2茶匙
生抽　　2汤匙　香油　　少许
老抽　　1汤匙　葱花　　少许
白糖　　1茶匙

烹饪秘笈

买回来腌制好的雪菜如果很咸，可以泡在清水里冲洗掉多余的盐分，再挤干水分与肉丝一起炒熟。

⫴ 做法

① 油烧热后放入肉丝煸炒至变色。喜欢吃辣的可以加入2个干辣椒。倒入雪菜末翻炒。

② 加生抽、老抽、盐、白糖调味。加适量清水烧开，转小火熬煮5分钟。

③ 再次调成大火，下入挂面煮熟。

④ 面条煮好后，在锅中滴入几滴香油，撒上少许葱花即可。

营养贴士

雪菜味道鲜美，可以开胃消食、增进食欲、提神醒脑、缓解疲劳。其中丰富的膳食纤维可以助消化、健脾胃。

03

卤面、浇头面

海鲜咖喱乌冬面

主料

乌冬面	1份	青口贝	3只
鲜虾仁	6个	鱿鱼	1只

辅料

咖喱块	2块	盐	1茶匙
油菜	2棵	食用油	1汤匙
洋葱	1/3个		

特色

香浓醇厚的咖喱不论搭配什么食材都能碰撞出火花，更不用说和独领风骚的海鲜大军相搭配。浓烈中透着一点清新，余味十足。

做法

1 洋葱切成碎末；油菜洗净，对半剖开备用。

2 虾仁剔去虾线，青口贝洗净。鱿鱼去除表面和内部的薄膜和软骨，鱿鱼须切下备用，鱿鱼肉切成花刀。

烹饪秘笈

给鱿鱼切花刀，要先从一个角开始，倾斜45°切斜刀，且不能将鱿鱼切断。然后将鱿鱼片旋转90°切直刀，同样底部不能切断。最后顺着直刀的纹路把鱿鱼改成适宜入口的小块即可。

3 烧一锅水，加入1茶匙盐，分别下入油菜、鲜虾仁、青口和鱿鱼焯熟。

4 另取炒锅，加入1汤匙油，将洋葱碎炒香，随后下入焯好的海鲜快速翻炒几下。

营养贴士

虾味道鲜美，营养价值极高，含有丰富的钙质。青口贝含有牛磺酸等物质，能软化和保护血管，有降低人体中血脂和胆固醇的作用。

5 锅中加入一碗水煮沸，下入咖喱块并不断搅拌至咖喱溶化。

6 另取汤锅，将乌冬面煮熟。面熟后捞出放入碗中，摆上油菜，再浇上海鲜咖喱酱即可。

鲜，溢于言表

葱爆鲜虾面

⏱ 25分钟　🔥 中等

特色

油炸减少了生涩大葱的辣味，激发出了葱成熟的香气，这种香气会慢慢地融进虾肉与素面里。

‖ 主料

鲜面条	200克	大虾	10只

‖ 辅料

食用油	适量	生抽	1汤匙
姜	3片	老抽	1/2汤匙
白糖	1茶匙	香葱段	50克
料酒	1汤匙	盐	1/2茶匙

烹饪秘笈

可以用一根牙签将虾线从虾背上挑出来。也可以用厨房剪刀将虾背剪开，这样还可以更入味。

‖ 做法

1 大虾洗净，去掉虾头、虾线，用剪刀将虾足剪去。

2 热锅凉油，小火将姜片炸至微焦，捞出姜片弃掉不用。

3 转成大火，将已经处理好的虾下入锅中，煎至两面变色。

4 加入白糖、料酒、生抽、老抽和半碗清水，快速翻炒使虾均匀上色。

5 转中火，烧至汤汁有些黏稠，放入葱段翻炒均匀，加入盐调味即可。

6 另取锅将面条煮熟，捞在碗中，淋上酱汁和葱爆鲜虾浇头即可。

特色

这是一道懒人必会的美味，即使家里没有什么新鲜的菜也可以开荤。

主料

挂面	100克	猪肉	20克
榨菜	15克		

辅料

葱花	少许
郫县豆瓣酱	1汤匙
食用油	适量
料酒、生抽	各1/2汤匙
淀粉	1茶匙

— 烹饪秘笈 —

因为榨菜和豆瓣酱本身就有咸味，在炒制浇头时可以先尝尝味道再酌情加盐来调味。

简单好味
榨菜肉丝面

⏱ 20分钟　🔥 中等

做法

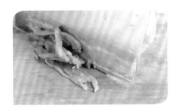

1 猪肉切成肉丝，加料酒、生抽和淀粉抓匀，腌制10分钟。

2 榨菜也切成跟肉丝差不多粗细的条。

3 热锅冷油，下入肉丝不断翻炒至肉色变白。

4 倒入榨菜和郫县豆瓣酱，继续大火翻炒均匀。

5 加半碗水，煮至汤汁收浓就做成了榨菜肉丝浇头。

6 挂面煮熟盛入碗中，加入浇头、撒上葱花即可。

醇香诱人
经典炸酱面

🕐 25分钟　🔥 简单

主料

手擀面	300克	猪五花肉	350克

辅料

甜面酱	80克	大葱	1/2根
白砂糖	1汤匙	大蒜	1头
黄瓜	1/2根	食用油	少许
黄豆芽	50克	料酒	1汤匙

特色

一百个家庭能做出一百种味道的炸酱面。有喜欢豆酱的，有喜欢面酱的；有喜欢瘦肉多的，有喜欢肥肉多的。最最爱吃的，还是自己家做的。

做法

1 将五花肉切成5毫米见方的小丁；葱切成碎末；大蒜取四五瓣，切成碎末，剩余的去皮，最后佐餐食用。

2 锅中放油，一点点就够，能抹匀锅底就可以，爆香葱末、蒜末。

3 放入肉丁，小火慢慢煸炒，直至肉丁中很大一部分油脂析出，表面金黄微焦。

4 放入甜面酱和白糖、料酒翻炒均匀，如果不喜欢吃很甜的，可以不必加糖。

5 加入少许清水，不断翻炒，炒至水分收干后继续重复这一过程，全程都要用小火。不停翻炒搅拌，直至酱香和肉香浓郁，炸酱即成。

6 黄瓜切丝、黄豆芽烫熟，做成简单的面码，还可以根据自己的口味添加别的蔬菜。

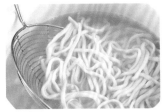

7 手擀面入锅煮熟，搭配面码、大蒜，浇上炸酱即可。

烹饪秘笈

炸好的酱如果一次吃不完，用密封性好的罐子或保鲜盒装好，放在冰箱里可以冷藏保存一周。

永远吃不腻

陕西岐山臊子面

⏱ 30分钟　🔥 中等

主料

鲜面条	300克	猪五花肉	350克

辅料

食用油	适量	鸡蛋	1个
胡萝卜	1/2根	辣椒粉、料酒	各1汤匙
水发木耳	4朵	姜末	适量
蒜薹	2根	五香粉、盐	各1茶匙
油豆腐	5个	岐山香醋	5汤匙

特色

红的、黑的、黄的、绿的，陕西的臊子面有着敲锣打鼓的热闹，但又温和易消化，含有多种多样的营养成分。

做法

1 五花肉肥瘦分开，分别切成指甲大小的丁；木耳、蒜薹、胡萝卜、油豆腐都分别洗净，切成和五花肉大小差不多的丁。

2 鸡蛋在碗中打散，用平底锅摊成一张蛋皮，晾凉后切成菱形的片备用。

3 热锅凉油，先将肥肉丁炒出油脂，再将瘦肉丁下入翻炒至水分变少，加入料酒、姜末、五香粉和半茶匙盐翻炒调味，关火前再加入岐山香醋和辣椒粉炒匀，肉臊子就做好了。

4 锅中放入少许油，依次放入胡萝卜、木耳、蒜薹、油豆腐丁炒至成熟，加入半茶匙盐翻炒均匀。

5 锅内添一碗水，水沸后下入炒好的肉臊子，盖上锅盖，小火煮5分钟左右，出锅前再根据个人口味加上适量的岐山香醋，撒上切好的鸡蛋皮。

6 另取汤锅将面条煮熟，面煮好后捞出，浇上臊子就可以了。

烹饪秘笈

臊子面最重要的是臊子汤，如果有贵宾到陕西人家做客，主人会先在面上浇一勺热乎的臊子汤，再把浇在碗里的汤滗出来，如此反复一两次，面条就更加入味了。

浓淡两相宜
茄子肉丁面

🕐 45分钟　🔥 中等

主料

手擀面	300克	茄子	1个
去皮猪五花肉	200克		

辅料

番茄	1个	甜面酱	1汤匙
绿尖椒	1个	蚝油	1汤匙
大蒜	2瓣	白糖	1茶匙
生抽	1汤匙	盐	1茶匙
料酒	1汤匙	食用油	适量

特色

茄子绵软的内心很容易吸取各种味道，是很多人的心头好。这款面中的茄子没用油炸，更加健康，味道却不输分毫。

做法

1 五花肉洗净擦干，切成1厘米见方的肉丁，放在碗中用生抽和料酒抓匀，腌制半小时左右。

2 尖椒、番茄和茄子都洗净，切成和肉差不多大小的蔬菜丁；蒜切成细末备用。

3 热锅冷油，倒入五花肉丁，中小火翻炒至肥肉部分的油浸出，肉微微发焦的状态。

4 倒入蒜末和茄子丁，中大火翻炒。等到茄子丁略微变软时，倒入番茄丁，翻炒几下。沿着锅边淋入适量清水，小火炖煮使食材变软。

5 加入甜面酱、蚝油和少许生抽提味，翻炒均匀后加入尖椒丁和白糖、盐调味，再次炒匀，卤就做好了。

6 取汤锅将手擀面煮熟，捞至碗中，浇上一勺卤即可。

烹饪秘笈

茄子容易氧化而变色，可以将其他食材准备好后，再将茄子切丁。或者将切好的茄子丁用淡盐水浸泡，快要下锅前捞出挤干水分即可。

营养贴士

茄子富含维生素E，多吃茄子有助于抗衰老。茄子还富含维生素P，维生素P能促进新陈代谢，防治色斑和皮肤干燥症、口腔炎等。

面面俱到
打卤面

20分钟　🔥 简单

主料

手擀面	150克	番茄	1/2个
里脊肉	80克	干木耳	25克
豆角	50克	香干	50克

辅料

姜末、蒜末	各5克	蚝油	1汤匙
鸡蛋	1个	水淀粉	20克
葱花	3克	盐	1/2茶匙
酱油	1.5汤匙	食用油	适量

特色

别小看这碗面，门道大着呢！面条要够筋道，卤子更是马虎不得，鲜、香、爽一个不能少。食材的选择也要多样，不要嫌麻烦，因为美味是需要耐心的。

做法

■1 里脊肉洗净，切1厘米见方小块；豆角择洗干净，切1厘米长的段。

■2 番茄去蒂洗净，切小丁；香干洗净，切小丁；木耳泡发洗净，切细丝；鸡蛋打成蛋液。

── 烹饪秘笈 ──

干木耳要提前用温水泡发，再洗净切丝；倒入蛋液时，以画圈的方式由内向外倒入，并不断搅拌，使蛋液形成均匀的蛋花。

■3 炒锅内倒入适量油烧热，爆香姜末、蒜末，放入里脊块翻炒至变色。

■4 接着放入豆角、香干、木耳、番茄炒匀；然后加入酱油、蚝油、盐调味。

■5 再加入适量清水，中火焖煮10分钟后调入水淀粉勾芡，并倒入蛋液搅拌均匀，卤就做好了。

■6 再焖煮打卤的同时烧开水，放入手擀面煮熟，捞出盛碗中，浇上卤，撒上葱花即可。

豪华搭配

老上海酥炸大排面

🕐 40分钟 🔥 中等

主料

鲜面条	200克	鸡蛋	1个
猪里脊	1块		

辅料

生抽	1汤匙	面粉	适量
白胡椒粉	1茶匙	面包糠	适量
蚝油	1/2汤匙	食用油	适量
玉米淀粉	1/2汤匙	复制酱油	少许

特色

猪排包裹着酥脆可口的外皮，里面的肉紧实多汁。大排面是不少老上海人的儿时记忆，总能给他们带来大大的满足感。

做法

1 猪里脊洗净，用锤子或刀背捶打，将猪排的面积打到原本的两倍大小。

2 鸡蛋在碗中打散，加入白胡椒粉、蚝油、生抽、玉米淀粉调匀。将敲好的猪排放入碗中，均匀裹上调料后腌制20分钟左右。

烹饪秘笈

买回的面包糠如果太粗，可以装在保鲜袋里，用擀面杖轻轻压碎。这样做出来的猪排口感更好。

3 取出腌好的猪排，两面均匀拍上一层面粉，再裹上一层蛋液，最后裹上面包糠。

4 锅中倒入足量的油，烧至八成热。可以撒一点面包糠在锅里，如果可以瞬间浮起并散开，说明此时油温合适，就可以转成中火，放入猪排炸至两面金黄。

5 汤锅加入足量水煮沸，下入面条煮熟。煮好的面捞入碗中，浇入少许面汤。

6 将炸好的猪排放在面上，淋上少许复制酱油即可。

丰盛的一大碗
红油杂酱面

🕐 50分钟　🔥 中等

主料

切面	350克	猪大骨	750克
猪肉末	150克		

辅料

菠菜	50克	葱末	8克
榨菜	80克（低咸度）	熟白芝麻	5克
姜片	15克	花椒粉	1/2茶匙
甜面酱	1汤匙	辣椒油	2汤匙
白砂糖	2茶匙	蒜末	1/2汤匙
黄酒	1汤匙	鲜味酱油	1汤匙
香葱粒	10克	食用油	适量

特色

香、辣、咸、香，各种味道的酱汁包裹着筋道弹牙的面条，看似平淡无常的颜色，却透出骨汤所特有的醇厚香气，偶尔还能咬到脆脆的榨菜末。

做法

1 将猪大骨洗净，放入电饭煲中，加入一半姜片和足量清水，煲成骨汤，汤成后不要断电，选择保温档保温。

2 榨菜切碎备用。锅中放适量油烧热，放入姜片煸至姜片颜色变深微焦，盛出姜片弃掉不用。这样油中就有了姜的香气。

3 放入肉末炒出香气，淋入黄酒去腥，翻炒均匀。注意火力不要太大，防止肉末炒焦。

4 下入榨菜和葱末、酱油、甜面酱、白砂糖以及和食材量大致相等的水，大火煮开。

5 转小火慢慢熬制半小时左右，直至汤汁收浓，盛出作为杂酱备用。

6 取一个面碗，调入辣椒油、花椒粉、蒜末。另将面条和菠菜煮熟盛入碗中。

7 倒入保温的骨汤，盛入一勺杂酱、撒上香葱粒和熟白芝麻。

— 烹饪秘笈 —

甜面酱尽量选择四川产的，味道会更正宗。如果没有骨汤，也可以用清水，或者使用市售的高汤调料。

喷香给力
肥肠浇头面

🕐 40分钟　🔥 高级

主料

手擀面	250克	肥肠	250克

辅料

生菜	1/2棵	郫县豆瓣酱	1汤匙
大葱	1/2根	白糖	1/2汤匙
姜	2片	陈醋	1汤匙
蒜	2瓣	面粉	适量
干辣椒	2个	食用油	适量
花椒	适量		

特色

爽弹的手擀面比机器压的面条更富有嚼劲。肥肠鲜香厚实，口感香醇。弹牙的手擀面，配上肥肠浇头，让人直呼过瘾。

做法

1 用剪刀将大肠剪成几段，用面粉将大肠的里外两面搓洗净，切成块。葱、姜、蒜切片备用。

2 锅中加入水煮沸，下入大肠余烫2分钟左右，捞出晾凉备用。

3 炒锅中放入油，下入葱姜蒜和干辣椒、花椒爆香。

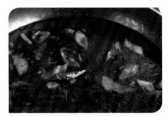

4 加入郫县豆瓣酱炒出红油，随后添入一碗清水或高汤，大火煮开。水沸后，用漏勺捞出葱姜蒜等配料，汤底留下备用。

5 锅中放入少许油，加入白糖小火炒至融化。倒入大肠小火翻炒，至大肠表面炒上颜色并冒起小泡。

6 烹入陈醋，加入做好的汤底大火烧开，随后转小火，盖上锅盖，炖煮15分钟左右。

7 另取汤锅，将面条和生菜分别烫熟，捞出盛入碗中。

8 转大火将肥肠浇头的汤汁收浓，浇在面条碗中即可。

—— 烹饪秘笈 ——

大肠的内壁有很多脂肪和脏东西，一定要将内壁反转过来认真清洗并撕去脂肪。为了节省处理时间，也可以直接买回熟的肥肠来做这款浇头。

想到就会流口水
酸辣鸡杂面

25分钟　中等

主料

手擀面	200克	酸豆角	2根
鸡杂	300克		

辅料

小米辣椒	4个	食用油	适量
泡椒	1汤匙	盐	1/2茶匙
香葱	1根	白糖、五香粉	各1茶匙
蒜	4瓣	生抽、料酒	各1汤匙
生姜	2片	淀粉	1/2汤匙

特色

酸辣的泡椒汁包裹着充满嚼劲的鸡杂，这是一道川湘地区的代表菜。酸豆角很脆，有韧性有嚼劲，独特的乳酸菌的味道很勾人。

做法

① 鸡杂洗净，分别改刀切成片，片的厚度在3毫米左右即可，不用切得太薄。加入料酒、五香粉、淀粉抓匀，腌制5分钟左右。

② 酸豆角、泡椒、小米辣椒、葱姜蒜都切成小粒。

③ 热锅凉油，放入姜蒜爆香。

④ 再放入泡椒、小米辣椒和酸豆角炒出香气。

⑤ 放入腌制好的鸡杂，大火快炒至鸡杂变色断生。加盐、白糖、生抽调味，再撒上葱花。

⑥ 另取汤锅将手擀面煮熟，过凉水后捞出，沥干，浇上浇头即可。

烹饪秘笈

鸡杂可以任意搭配，全凭个人的喜好，鸡胗、鸡心、鸡肝、鸡肠都可以。泡椒和酸豆角都是用盐腌过的，本身就带有咸味，所以盐的分量可以酌情添加。

营养贴士

酸豆角中的乳酸能开胃助消化，增进食欲。其富含的膳食纤维能促进胃肠道蠕动，可预防便秘。

意想不到的美味素卤

青椒茄子面

⏱ 30分钟　🔥 简单

特色

茄子的质地厚重，本身没什么味道；青椒微辣，青涩，有着独特的风味。一个木讷，一个火辣，真是绝配。

▓ 主料

手擀面　200克　茄子　　　1个
青椒　　　1个

▓ 辅料

食用油　适量　盐　　　1茶匙
蒜　　　2瓣

── 烹饪秘笈 ──

茄子是一种非常吸油的蔬菜，所以炒这道菜需要比平时炒菜的油略多一些。因为是全素的卤，多放一些油也可以让面条更滑润。

▓ 做法

❶ 青椒和茄子洗净，分别切成细丝。

❷ 大蒜拍扁，切成蒜末。

❸ 热锅冷油，下入蒜末爆香，再将青椒丝先下入锅中翻炒出香气。

❹ 下入茄子大火翻炒，直至茄子变软后，放入盐来调味。

❺ 沿着锅边，淋入少许水，盖上锅盖，小火将茄子焖至软烂。

❻ 另起锅下入手擀面煮熟，将煮好的面捞出盛入碗中，浇上青椒茄子卤即可。

04

炒面、
烤面

时间转化的美味

腊味炒面

⏱ 30分钟　　中等

特色

鲜嫩的肉在屋檐下经历风吹日晒，慢慢修炼几个月，红肉变得干燥紧实，白肉变得通透明亮。由时间转化而成的腊味，有着神奇的味道。

⦚ 主料

鲜切面	200克	腊肉	1小块
腊肠	1根		

⦚ 辅料

葱花	20克	盐	适量
食用油	少许	生抽	2汤匙

── 烹饪秘笈 ──

腊肉和腊肠中的油脂析出后很容易变得过于干柴而影响口感，在炒腊肠和腊肉时需要保持小火，待油脂析出后转大火快速将面条炒匀即可。

⦚ 做法

① 腊肠斜切成薄片；腊肉也切成尽量薄的片备用。

② 鲜切面在沸水中煮至八成熟，过凉水后沥干水分备用。

③ 锅中热油，小火煸出腊肠和腊肉的多余油分。

④ 看到腊肉变干、肥肉变得透明时，下入葱花快速翻炒几下。

⑤ 将面条下入锅中，加入盐、生抽来调味，大火快速炒匀即可。

特色

尖椒是个特别神奇的蔬菜，过油以后非但不会变黑，反而更加透亮青翠，在白色的盘子里面发着光。

主料

鲜面条	200克	猪肉	100克
青椒	1个		

辅料

食用油	适量	淀粉	1/2汤匙
料酒	1汤匙	蒜	2瓣
生抽	2汤匙	盐	1茶匙

烹饪秘笈

因为炒完肉丝后还要用余油将面条炒熟，所以最开始锅中放的油可以宽一些。

香辣开胃的家常面

尖椒肉丝炒面

🕐 25分钟　🔥 简单

做法

① 蒜切成碎末；尖椒洗净，切丝。猪肉切丝，加入料酒、淀粉和1汤匙生抽抓匀，腌制10分钟。

② 腌肉的过程中可以准备面条。锅内加入足量水，将面条煮至八成熟，捞出沥干水分。

③ 热锅冷油，下入蒜末炒出香气，然后下入腌好的肉丝滑炒至变色。

④ 将肉丝推到锅边，用锅中剩余的油将青椒和肉丝炒匀。

⑤ 将面条下入锅中，和尖椒肉丝一起炒匀，加入盐和剩余生抽调味，快速翻炒几下上色即可。

南北美食的碰撞
鱼香炒面鱼

⏱ 40分钟　🔥 中等

主料

面鱼	150克	胡萝卜	1/2根
猪里脊肉	100克		

辅料

木耳	3朵	料酒	1汤匙
盐	1茶匙	蒜	2瓣
酱油	1汤匙	葱	1/2根
醋	2汤匙	姜	少许
白糖	2汤匙	植物油	适量
淀粉	1/2汤匙	郫县豆瓣酱	1汤匙

特色

面鱼是传统的北方手艺，鱼香是经典的四川味道。这南北美食的碰撞会带给你的味蕾意想不到的惊喜。

做法

1 猪里脊肉切丝，用冷水浸泡至出血水；同时木耳用温水泡发。

2 肉丝加入料酒、淀粉、半茶匙盐、少量植物油腌制一会儿。

3 胡萝卜、木耳洗净切丝；葱、姜、蒜切末备用。

4 姜葱蒜末放入碗中，加入半茶匙盐、淀粉、酱油、白糖、醋和少许清水调匀，制成鱼香汁。

5 汤锅加入足量水煮沸，下入面鱼煮至八成熟。煮好后捞出，沥干水分备用。

6 热锅热油，倒入肉丝大火炒至肉丝变白，随后转中火，加入郫县豆瓣酱炒出红油。

7 倒入胡萝卜、木耳丝，大火翻炒至熟，下入面鱼翻炒均匀。

8 倒入调配好的鱼香汁，翻炒约1分钟至炒匀即可出锅。

烹饪秘笈

腌制肉丝时加入少量植物油，可以避免肉丝在炒制过程中粘锅。手工搓面鱼时，不用搓得太大，小巧玲珑不仅易熟，口感也更好。

酸辣开胃
辣白菜五花肉炒乌冬面

🕐 25分钟　🔥 中等

特色

辣白菜是朝鲜族世代相传的小菜，既有朝鲜辣酱的独特味道，还有白菜本身的清脆口感。泡菜富含乳酸菌，有益肠胃。

主料

乌冬面　1袋　猪五花肉 少许

辅料

辣白菜　1小袋　番茄酱　1汤匙
鸡蛋　　1个　　橄榄油　适量
盐　　　适量

—— 烹饪秘笈 ——

加入番茄酱很重要，只用辣白菜炒乌冬面口味会比较寡淡，加入番茄酱可以使口味更加丰富，也可使炒面的颜色更加好看。

做法

① 乌冬面用开水烫一下，过冷水后沥干水分备用。

② 五花肉洗净，切薄片，锅中放少许油，入锅煸炒至断生，盛出备用。

③ 炒锅中倒橄榄油，烧至七成热时，倒入打散的鸡蛋液，炒匀。

④ 辣白菜切成适宜入口的大块，也下入锅中翻炒至软。

⑤ 加入五花肉和乌冬面大火炒匀。乌冬面入锅前尽量抖散，便于入锅后快速炒散。

⑥ 加入盐和番茄酱炒匀即可。

特色

这个菜很适合做懒人早餐。拿出昨晚冰箱里剩下的面条，留着搭配泡面的半根火腿肠，还有鸡蛋，一起翻炒一下，超级普通的泡面搭档在这里也能大放异彩。

懒人早餐
火腿鸡蛋炒面
⏱ 25分钟　🔥 简单

主料

| 鲜面条 | 200克 | 火腿肠 | 1根 |
| 鸡蛋 | 1个 |

辅料

| 食用油 | 适量 | 生抽 | 1汤匙 |
| 盐 | 1茶匙 |

做法

1 锅里加水煮沸，放入面条煮至八成熟，放入冷水冲洗一下。

2 等待面条煮熟的时候，将鸡蛋打散备用，火腿切成细丝。

—— 烹饪秘笈 ——

这款懒人快手餐非常简单易做，甚至用煮好的泡面替换鲜面条也能碰撞出不一样的口感与味道。选用细一点的面条，炒面能够更加焦香入味。

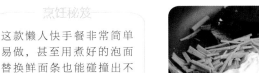

3 锅中热油，倒入蛋液滑散。蛋液凝固后，推到锅边，下入火腿丝，小火煸炒1分钟左右。

4 将面条沥干水分，下入锅中一同翻炒均匀，调入生抽和盐，炒匀入味即可。

蚝油三丝炒面

⏱ 25分钟　🔥 简单

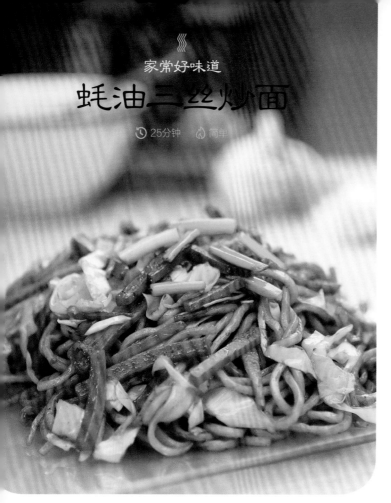

特色

鲜亮的胡萝卜丝有着阳光的颜色；圆白菜淡绿的叶子像少女的裙摆。撒上柔嫩、白净的葱丝，淋上蚝油酱汁，这就是家常的好味道。

主料

| 鲜面条 | 200克 | 胡萝卜 | 1/4个 |
| 午餐肉 | 50克 | 圆白菜 | 1/4个 |

辅料

香葱	1根	蚝油	1汤匙
食用油	适量	老抽	1/2汤匙
盐	1茶匙		

做法

❶ 胡萝卜、圆白菜洗净，与午餐肉一同切成细丝；香葱切长段。

❷ 锅内加入足量水，将面条煮至八成熟，捞出沥干水分。

❸ 炒锅烧热，加入适量油，放入胡萝卜、圆白菜炒至断生，加入午餐肉，继续翻炒片刻。

❹ 下入面条，调入盐、蚝油、老抽，翻炒至均匀上色。加入香葱段，大火迅速翻炒1分钟即可。

烹饪秘笈

制作炒面时，最好使用筷子进行翻炒。如果用平常炒菜时常用的铲子，不仅不易翻炒均匀，还易将面条压断影响完整性。

肉食爱好者的专属

黑椒牛肉乌冬面

🕐 25分钟　　　中等

黑椒的辛辣给厚实的牛肉带来一丝刺激，独特的气息又能很好地掩住牛肉的腥膻。

主料

乌冬面	1袋	牛肉	100克

辅料

洋葱	1/4个	白糖	1茶匙
姜	1片	黑胡椒粉	适量
大蒜	2瓣	高汤	少许
蚝油	1汤匙	红椒	1/4个
盐	适量	香葱	1根
生抽	1汤匙	橄榄油	适量
老抽	1/2汤匙		

烹饪秘笈

可以在腌肉时加少许小苏打，能起到一定的嫩肉效果。但千万不要加太多。

做法

1️⃣ 乌冬面用开水烫一下，过冷水后沥干水分备用。

2️⃣ 牛肉洗去血水，切成薄片；红椒、洋葱切丝；香葱、姜、蒜切成细末。

3️⃣ 锅内加入橄榄油，油微热后放入洋葱、姜末、蒜末煸炒出香味。

4️⃣ 放入牛肉片炒至变色，加入蚝油、盐、生抽、老抽、黑胡椒粉和白糖调味。

5️⃣ 倒入乌冬面，迅速滑散，加少许高汤或清水，转小火，盖上锅盖略微焖一下。

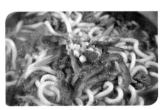

6️⃣ 开盖翻炒至面条裹满牛肉汁，加入红椒丝、葱末，翻炒均匀即可出锅。

主料

猫耳朵面	150克	洋葱	1/2个
牛肉	100克		

辅料

蒜末	少许	盐	适量
姜末	少许	生抽	1汤匙
老抽	1汤匙	食用油	适量
黑胡椒粉	少许		

特色

大部分人都吃过黑椒牛肉。但是，吃过黑椒牛肉味猫耳朵的人可不算多啊，也许你是头一个。

做法

1 洋葱切成小块，牛肉切成薄厚均匀的肉片。

2 将牛肉片放入碗中，加入蒜末、姜末和半汤匙老抽抓匀，腌制10分钟左右入味。

烹饪秘笈

猫耳朵面沸水入锅，煮至像饺子一样一颗颗浮起来就差不多熟了。捞出过凉水，即可进行后面的步骤了。

3 猫耳朵面在沸水中煮至八成熟，捞出过凉水后，沥干水分备用。

4 炒锅烧热油，下入牛肉片快速翻炒至变色后即可捞出。

营养贴士

牛肉富含蛋白质，其氨基酸组成比猪肉更接近人体需要，能提高机体抗病能力，对生长发育及手术后、病后调养的人在补充失血和修复组织等方面特别适宜。冬天吃牛肉还有助于补养气血，对身体大有好处。

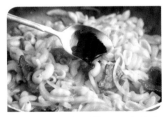

5 用余油炒软洋葱，下入牛肉和猫耳朵面，一起翻炒片刻。调入黑胡椒粉、盐、生抽和剩余老抽，快速炒匀即可。

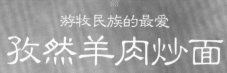

游牧民族的最爱

孜然羊肉炒面

🕐 30分钟　🔥 中等

主料

鲜面条	200克	羊肉	100克

辅料

胡萝卜	1/2个	姜	2片
洋葱	1/2个	淀粉	1/2汤匙
彩椒	1个	胡椒粉	少许
盐	1茶匙	孜然粉	少许
酱油	1汤匙	香油	1汤匙
大葱	1/2根	食用油	1汤匙
料酒	1汤匙		

特色

羊肉很香，但是不少人因为忌惮羊肉的膻味而对它敬而远之。孜然和胡椒这类独特的香料恰好遮掩住了这些味道。

做法

1 胡萝卜、洋葱、彩椒、葱和生姜分别洗净，切成细丝备用。

2 羊肉切成肉丝，用淀粉、料酒和半茶匙盐抓匀，腌制10分钟入味。

3 取汤锅将水煮沸，放入面条煮至八成熟，将面条捞出，沥干水分，用香油拌匀。

4 炒锅烧热，放入食用油，先下入姜丝炒出香气，再放入羊肉丝滑散。

5 炒至羊肉丝变色，加入葱丝、胡萝卜丝、彩椒丝和洋葱丝略炒。蔬菜炒得有些变软时，调入盐、酱油、胡椒粉、孜然粉，大火快炒2分钟。

6 将煮好的面条放在锅内快速翻炒，均匀裹上调料后即可出锅。

烹饪秘笈

因为炒面分为煮和炒两个步骤，所以面条不用煮得太熟，这样炒出来才筋道好吃。

营养贴士

羊肉富含蛋白质和多种矿物质。常吃羊肉能提高身体素质，增强抵抗疾病的能力，且羊肉容易被消化吸收，适合老人和儿童食用。

金玉满堂好彩头

黄金虾仁炒面

⏱ 30分钟　🔥 中等

特色

金色的虾仁弯弯的，像一个个小元宝，却有着白玉一般的质地。玉米金灿灿的，像一粒粒金沙，好一个金玉满堂。

⫴ 主料

宽面	200克	玉米粒	100克
虾仁	150克		

⫴ 辅料

料酒	1/2汤匙	盐	1茶匙
姜汁	1汤匙	橄榄油	适量

烹饪秘笈

宽面口感筋道，如果烹饪时间过长，面条会过于软烂。因此在煮面和炒面的过程中要注意控制时长，尽量保持宽面筋道的口感。

⫴ 做法

❶ 虾仁加入料酒、姜汁抓匀，腌制10分钟左右。

❷ 锅里加清水煮沸，放入面条煮至八成熟，煮好的面条放入冷水冲洗一下。

❸ 将面条沥干水分，加入2汤匙橄榄油拌匀，防止面条粘连在一起。

❹ 炒锅烧热，加入比平时炒菜略少的橄榄油，下虾仁小火煎熟。

❺ 虾仁变色收缩后，下玉米粒，转中大火同炒2分钟左右。

❻ 将面条下入锅中，用筷子拨散，加入盐调味即可。

愉快而简单的好味道

XO酱炒面

🕐 20分钟　🔥 简单

特色

XO酱料是顶级酱料的意思。XO酱的材料没有一定标准，但主要包括瑶柱、虾米、金华火腿及辣椒等，是海陆兼备的多重美味的集合。

主料

鲜面条　200克　　虾仁　　8个

辅料

胡萝卜　1/2个　　XO酱　1汤匙
豌豆　　少许　　食用油　适量
咸鸭蛋　1个

烹饪秘发

咸蛋本身有咸味，烹饪时可根据个人口味酌情加盐。用来搭配炒面的蔬菜，也可以根据个人喜好替换，但尽量选择水分少的蔬菜，因为青菜溢出的水分被面条吸收后，会影响炒面的口感。

做法

1 虾仁洗净，去掉虾线；胡萝卜切成和豌豆差不多大小的丁备用。

2 起一锅水煮沸，分别下入虾仁、胡萝卜丁和豌豆焯熟。

3 再换一锅水煮沸，下入面条煮熟后捞出。煮好的面条可以拌入1勺油防止粘连。

4 将咸鸭蛋的蛋黄和蛋白分开，捣碎备用。

5 热锅冷油，下入咸蛋黄炒至冒泡，再加入咸蛋白、胡萝卜丁和豌豆继续翻炒。

6 放入面条、虾仁和XO酱，翻炒至面条均匀裹上酱汁即可盛出。

爱上咖喱的N个理由
海鲜咖喱炒面

🕐 35分钟　🔥 中等

主料

鲜面条	200克	鱿鱼须	100克
虾仁	100克		

辅料

圆白菜	1/4个	蚝油	1汤匙
洋葱	1/4个	咖喱	1块
番茄	1个	橄榄油	2汤匙
盐	1/2茶匙		

做法

1 洋葱、番茄、圆白菜分别洗净切丝；蒜去皮，切成薄片。

2 面条放入锅煮至八成熟，没有硬心即可，捞出沥干水分，放入盘中，加蚝油和1汤匙橄榄油拌匀。

3 用锅中剩余的水将虾仁和鱿鱼须烫熟，捞出备用。

4 炒锅中倒入1汤匙橄榄油，下入洋葱丝炒香，再依次下番茄、圆白菜炒匀。

5 当菜炒出水分后，放入咖喱块，加盐调味炒匀。若锅中的水分太少，咖喱块无法完全化开，可以加一勺煮面的汤。

6 煮好的面和烫熟的虾仁、鱿鱼须一同放入锅中翻炒，拌匀即可出锅。

烹饪秘笈

用来做炒面的面条不能太细，最好选用略粗一些的面条，这样做出来无论是外形还是口感都会很好。咖喱下锅后容易粘锅，一定要将食材拌匀后尽快出锅。

营养贴士

虾的营养价值极高，能增强人体的免疫力；鱿鱼中含有多种矿物质元素，对骨骼发育和造血都有帮助，还可预防贫血。

海味的记忆
日式海鲜炒面

⏱ 30分钟　🔥 中等

鱿鱼轻轻环抱着白嫩嫩的虾仁，慢慢诉说着对海的记忆。日式面比较筋道，表面覆盖着一层油，炒的时候不会粘锅。

⫘ 主料

日式炒面　1包　鱿鱼　　少许
虾仁　　　少许

⫘ 辅料

胡萝卜　1/2个　日式酱油3汤匙
洋葱　　　1个　老抽　1/2汤匙
圆白菜　1/4个　食用油　适量

── 烹饪秘笈 ──

圆白菜的含水量适中，炒制时不易析出大量水分。因此在制作这款炒面时，尽量不要将圆白菜替换为其他绿叶蔬菜。

⫘ 做法

① 圆白菜、胡萝卜、洋葱分别洗净，切成和面条粗细差不多的丝。

② 虾仁挑去虾线，鱿鱼切成小块，在沸水中焯熟备用。

③ 锅内加入适量油，将面饼放入锅中略微煎制一会儿，两面都煎得有些微焦即可推到锅边。

④ 将洋葱、圆白菜、胡萝卜下入锅中炒软。

⑤ 用筷子将面饼快速拨散，加入虾仁、鱿鱼一同翻炒均匀。

⑥ 淋入日式酱油和老抽，炒匀后盖上锅盖焖2分钟左右即可。

特色

这是一款特别简单的炒面，黑乎乎的非常好吃。但是由于酱油的不同会呈现出不同的色泽与味道。老抽生抽的比例一定要自己控制好。

主料

鲜面条　250克

辅料

油菜	2棵	白糖	2茶匙
鸡蛋	1个	葱花	适量
生抽	1汤匙	食用油	少许
老抽	2汤匙		

烹饪秘笈

在炒面之前先将老抽、生抽和白糖调成酱汁，在炒面的过程中可以更容易均匀上色入味。

至简美食
酱油炒面

⏱ 20分钟　🔥 简单

做法

1 油菜洗净，切去老根后，竖着对半剖成四份。

2 锅里加清水煮沸，放入面条煮至八成熟，捞出沥干水分备用。

3 取一只小碗，加入老抽、生抽和白糖拌匀，调成料汁。

4 锅里倒少许油爆香葱花，随后放入面条、料汁，用筷子翻炒，使料汁均匀裹在面条上。

5 放入小油菜翻炒几下，至油菜变软，即可连同面条一起盛出装盘。

6 利用锅底的余油煎一个荷包蛋，煎好的荷包蛋盛出放在炒面上即可。

质朴本味
圆白菜素炒面

🕐 25分钟　🔥 简单

特色

圆白菜是最适合搭配炒面的蔬菜，大火炒制还会保持叶片原本的模样。而普通的绿叶菜经过较长时间的炒制后会变色变蔫，影响口感和美观。

主料

龙须面　100克　圆白菜　1/2个

辅料

大葱	1/2根	白糖	1茶匙
小米椒	1个	盐	1茶匙
老抽	1汤匙	食用油	适量

烹饪秘笈

在这款炒面中，圆白菜和面条的比例约为1:2，适当多加一些圆白菜，炒出来的素炒面味道更清甜。

做法

1 圆白菜洗净，切成丝；大葱斜着切成丝；小米椒切圈备用。

2 锅里加清水煮沸，放入面条煮至八成熟，捞出沥干水分备用。

3 热锅凉油，下入葱丝和辣椒圈煸炒出香气。

4 放入圆白菜丝大火快炒，炒至圆白菜变软出水。

5 将面条放入锅中，用筷子将面条拨散，与圆白菜丝炒匀。

6 加入老抽、白糖、盐调味，再翻炒1分钟左右就可以出锅了。

特色

猫耳朵在陕西和山西是被当做主食吃的，加上卤或者臊子就能成就一碗佳肴。

主料

| 猫耳朵面150克 | 木耳 | 4朵 |
| 胡萝卜 1/2个 | 黄瓜 | 1/2根 |

辅料

| 蒜末 | 少许 | 生抽 | 2汤匙 |
| 食用油 | 适量 | 盐 | 适量 |

烹饪秘笈

制作猫耳朵，要把面和得稍微硬一些，盖上保鲜膜醒30分钟，然后擀成厚片，切成小指肚大小的丁状，撒上适量干面粉防止粘连，然后用大拇指将面丁在寿司帘上捻成猫耳朵。

什锦炒猫耳朵

⏱ 25分钟　🔥 简单

做法

1 捻好的猫耳朵放入汤锅中，煮熟捞出，沥干水分备用。

2 胡萝卜和黄瓜洗净，切成1厘米见方的小丁；木耳泡发洗净，撕成利于入口的小块。

3 热锅冷油，将蒜末下入锅中炒出香气。

4 下入胡萝卜丁、黄瓜丁、木耳翻炒均匀。

5 蔬菜炒软后，下入煮熟的猫耳朵一同翻炒，淋入生抽。

6 加入盐调味，大火快速翻炒一会儿即可出锅。

番茄洋葱炒面

🕐 25分钟　🔥 简单

主料

挂面	100克	番茄	1个
洋葱	1/2个		

辅料

姜末	少许	食用油	适量
生抽	1汤匙	番茄酱	1汤匙
盐	1茶匙	葱花	少许

番茄和洋葱是西餐里的经典角色。红彤彤的番茄酸酸甜甜的，洋葱经过炒制以后香香脆脆的。面条裹满了红色的番茄酱，散发着洋葱的香气，哇，真棒！

做法

① 番茄洗净，用刀在顶部轻划十字，放入沸水中烫1分钟左右，捞出晾晾并剥去外皮，切成小片备用。洋葱洗净，切成细丝。

② 挂面煮至八成熟，在凉水中冲洗一下，捞出沥干水分。

烹饪秘笈

番茄意面可以说是最经典的一款意大利面了。在这道食谱中将挂面替换成意面，同样搭配这款番茄洋葱酱也是不错的选择。

③ 热锅冷油，下入姜末爆香，随后下入洋葱，翻炒1分钟左右。

④ 洋葱变得有点软了，就可以下入番茄片一同翻炒，直至番茄炒至软烂出汁时，加入番茄酱炒匀。

营养贴士

番茄含有丰富的维生素C，可以防治坏血病，坚持吃番茄可以预防牙龈出血。番茄中的番茄红素则具有抗氧化的作用，可以延缓衰老。

⑤ 下入挂面，用筷子拨散，使挂面均匀裹上番茄汁。

⑥ 加入生抽、盐调味，再撒上葱花，快速炒匀即可。

奏响美食的乐章
豆芽炒面

⏱ 25分钟 🔥 中等

特色

豆芽像一个个音符，横七竖八穿插在一起，奏响了美食的乐章，这是哪个心灵手巧的厨娘谱写出来的？

主料

鲜面条	100克	豆芽	200克

辅料

蒜末	少许	盐	1茶匙
醋	2汤匙	色拉油	适量
生抽	1汤匙		

烹饪秘笈

绿豆芽较为细嫩，黄豆芽更粗硬一些。做炒面时适合选用绿豆芽，吃起来更加清淡爽口。

做法

1 豆芽用清水浸泡5分钟，使豆芽上的豆子皮自然脱落，洗净。

2 鲜面条加入2汤匙色拉油，拌匀，使每根面条都均匀裹上油分。

3 将面条放入笼屉。蒸锅水沸腾后，将笼屉上锅蒸15分钟。

4 炒锅烧热，加入适量油，将蒜末爆香，随后下入豆芽下锅翻炒。

5 趁着豆芽在锅中翻炒的时间，用盐、醋和生抽加一点水，调制一个碗汁备用。

6 豆芽炒软后放入面条和调味汁，用筷子不停地将面条夹起来抖散拌匀即可。

特色

烤制的过程没有油烟，做起来方便又快手。如果炎热的夏天不想在厨房里开火做饭，不如试试用烤箱制作这款外酥里嫩的烤面吧。

主料

挂面	100克	豌豆	适量
虾仁	15个		

辅料

料酒	1/2汤匙	橄榄油	2汤匙
盐	适量	黑胡椒	少许

烹饪秘笈

如果一次性买的虾仁和豌豆太多吃不完，可以用保鲜袋装好，放在冰箱冷冻室里储存，做饭时随用随取。

不可错失的一碗鲜

豌豆鲜虾烤面

30分钟 · 简单

做法

1 虾仁洗净，用料酒抓匀，腌制10分钟左右。

2 足量水煮沸，下入挂面煮至八成熟，捞出过凉水备用。

3 用锅内剩余的水将虾仁和豌豆焯熟，捞出备用。

4 焯好的虾仁、豌豆和挂面一同放入大碗中，加入橄榄油、盐和黑胡椒粉拌匀。

5 将拌匀的食材放入烤盘中，铺匀。

6 烤箱设置上下火120℃，烤15分钟即可。

健康小零食

非油炸干脆面

🕐 40分钟　　👐 简单

特色

明明知道油炸的干脆面不健康，还是忍不住垂涎欲滴。现在给你个机会，在家DIY健康小零食。

主料

龙须面　100克

辅料

橄榄油	2汤匙	盐	1茶匙
蚝油	1汤匙	白糖	1茶匙
十三香	2茶匙	芝麻	适量

— 烹饪秘笈 —

刚烤好的挂面可先放在盘中摊开，室温下晾凉，用密封的容器装好后随吃随取，可一直保持脆爽的口感。

做法

① 挂面沸水入锅，煮7分钟左右。

② 将煮好的挂面捞出，在凉水中清洗去黏稠的物质。

③ 晾凉的挂面捞出，尽可能沥干水分。

④ 取一只大碗，放入挂面后加入橄榄油、蚝油、十三香、盐和白糖抓匀。

⑤ 烤盘铺上锡纸，将调好味的挂面分成小份，卷起来放在烤盘上。

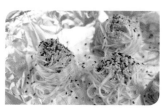

⑥ 在卷好的挂面上均匀撒上一些芝麻，放入烤箱上下火190℃烤制25分钟即可。

05

焖面、泡面

中原味道
河南蒸面

🕐 50分钟　🔥 高级

主料

细面条	200克	猪肉末	100克

辅料

水芹菜	1小根	料酒	1/2汤匙
黄豆芽	1把	食用油	适量
老抽	2汤匙	葱末、姜末	各适量
淀粉	1/2汤匙	盐	1茶匙

做法

① 芹菜洗净，切成5厘米左右的段；黄豆芽洗净备用。猪肉丝加入料酒和淀粉抓匀，静置10分钟左右。

② 蒸锅内加入足量水，大火烧开，将屉布打湿铺在蒸屉上。将面条松散地摊在蒸屉上，大火蒸15分钟，中途用筷子将面条再次抖开，防止粘连。蒸好后关火备用。

③ 在蒸面的过程中，炒锅加入适量油，放入肉末煸炒，炒至肉色发白时，加入老抽使肉上色，随后加入葱末、姜末继续翻炒。

④ 下入芹菜和豆芽大火快炒几下，添上小半碗清水煮沸。水沸后调入盐，煮2分钟即可关火。炒好的菜和汤汁分离，盛在两个盘中备用。

⑤ 蒸好的面条放到汤汁里充分搅拌，使面条完全吸收掉汤汁，随后再次放入蒸锅继续蒸15分钟，中途用筷子翻动两次。

⑥ 将炒好的菜放入蒸锅中，与面条拌匀，再蒸5分钟左右即可出锅。

特色

谁说面一定要煮着吃？今天就让你见识一下蒸面。一改往日潜泳的经历，今天的面打算蒸个桑拿。搭配水芹菜、肉末、豆芽，又是另一番风味。

烹饪秘笈

蒸面一定要大火上锅，利用热腾腾的水蒸气将面蒸熟。如果蒸气的温度不够高，会使面条变得软塌，面条也更容易粘连在一起。

软绵绵的味道

辣炒年糕方便面

⏱ 25分钟　🔥 中等

主料

方便面	1袋	年糕	100克
鱼糕	1块		

辅料

韩国辣酱3汤匙　食用油　适量

做法

1 年糕泡水里解冻；鱼糕切三角形。鱼糕也可用鱼豆腐代替。

2 炒锅中加入油，然后放入鱼糕片翻炒一会儿。

3 加入韩国辣酱，倒入适量水煮沸，用筷子搅拌一下，使辣酱充分溶解。

4 放入方便面和年糕煮熟。然后转大火收干酱汁即可。

烹饪秘笈

韩国辣酱颜色红润又不会过辣。将辣酱溶解在水中，利用水煮的方式可以让年糕和方便面吸饱浓浓的酱料，更加入味。

牛肉爱番茄

番茄肥牛泡面

⏱ 30分钟　　👌 简单

番茄和牛肉真是绝配。番茄特有的酸甜味道在久煮之后会慢慢融进牛肉中，牛肉的醇香又会带给番茄一种独特的味道，二者相得益彰，成就美味。

主料

方便面	1袋	肥牛片	100克
番茄	2个		

辅料

番茄酱	1汤匙	食用油	适量
白糖	2茶匙	盐	少许

烹饪秘笈

要想面条的风味更丰富些，可以将方便面的调料包保留下来，水沸后在锅中适量加入调料包中的酱料来调味。

做法

1 番茄切成大块，不喜欢番茄皮也可以先用开水烫一下，剥去表皮。

2 炒锅烧热，加入适量油，下入番茄炒软。

3 番茄炒出汁后，加入番茄酱和白糖再炒2分钟左右。

4 炒锅中添入足量水烧沸，水沸后下入方便面煮熟。

5 方便面煮散时，将肥牛片下入锅中一同煮熟。

6 用勺子撇去锅中的浮沫，加入盐调味即可。

一碗吃不够
四川冒菜方便面

🕐 35分钟 🔥 高级

主料

泡面	1袋	牛肉丸	4个
土豆、莲藕	各1/2个	鹌鹑蛋	4个
豆皮	适量	香菇	2朵
娃娃菜	1/2棵	午餐肉	2片

辅料

牛油	适量	豆瓣酱、花椒	各1汤匙
酒酿	2汤匙	干辣椒	1小碗
大葱	1根	八角、草果	各1个
洋葱	1/4个	桂皮	1小块
姜片	2片	葱花、香菜	各少许

特色

冒菜是重庆的一种汉族小吃，"冒"这个动词是形容煮的菜和肉从辣椒老汤里面出来的样子。麻辣鲜香，好不刺激。

做法

1 将需要做冒菜的食材全部洗好，切成适合的大小；大葱和洋葱切成丁。

2 干辣椒、八角、花椒、草果、桂皮放在小碗中，用温水浸泡10分钟左右。

3 炒锅放入牛油，小火烧化，放入步骤2中的原料及酒酿、大葱丁、洋葱丁、姜片、豆瓣酱，翻炒5分钟。

4 锅中添入清水或高汤，大火煮沸。

5 水沸后放入冒菜食材和泡面煮熟，比较难熟的食材可以先放入锅中多煮一会儿。

6 煮熟的食材可以分别捞出，在盘中摆好。

7 将汤底过滤一下，调料去除不要。将冒菜汤浇在食材上，撒上葱花、香菜即可。

— 烹饪秘笈 —

如果觉得炒底料太麻烦，可以直接在超市买到麻辣火锅底料。将麻辣火锅底料加入适量清水煮沸，放入食材煮熟就可以了。

丰盛的一餐
泡菜火锅乌冬面

🕐 35分钟　🔥 中等

主料

乌冬面	200克	猪五花肉	50克
辣白菜	200克		

辅料

豆腐	100克	胡萝卜	1/2个
洋葱	1/4个	生菜	1棵
食用油	少许		

特色

五花肉煮熟后很香，但是由于含有较多的脂肪，吃多了会觉得腻。酸辣泡菜清爽开胃，恰好能克服这一缺点，还能帮助消化。

做法

▮1 乌冬面放入清水中泡开备用。

▮2 将辣白菜改刀，切成细丝。五花肉洗去血水，切成薄片。胡萝卜切成薄片，洋葱切细丝，豆腐切厚片。

烹饪秘笈

辣白菜在腌制过程中盐分较重，所以在用辣白菜制作汤底时先不用额外加盐。待面入锅后，可以尝一下味道再酌情加入少许盐调味即可。

▮3 炒锅烧热，加入少许油，放入五花肉小火煸出肥油。

▮4 五花肉变色收缩后推到锅边，加入洋葱丝和胡萝卜片翻炒几下。

▮5 将辣白菜也下入锅中一同翻炒，炒匀后添入可以没过食材的清水，大火煮沸。

▮6 水沸后下入豆腐和乌冬面煮熟。面熟后，放入洗净的生菜叶，快速用筷子拌匀即可。

油润好筋道
红烧茄子焖面

🕐 35分钟　🍳 中等

主料

鲜切面	200克	猪肉末	少许
茄子	1个		

辅料

番茄	1个	生抽	1汤匙
洋葱	1/2个	老抽	1汤匙
葱花	少许	食用油	适量
料酒	1/2汤匙	盐	1茶匙

特色

原本蓬松的茄子经过油炸之后失去水分，在吸取了肉末的汤汁之后变得绵软而散发着肉香。最后番茄的出场又让茄子增添了酸酸甜甜的气息。

做法

1 猪肉末加葱花、料酒、生抽和半汤匙老抽抓匀，腌制10分钟。

2 茄子、番茄和洋葱洗净，都切成适宜入口的块。热锅热油，下入茄子块小火翻炒。

3 一开始茄子会很快把油都吸走，继续炒至茄子变软，盛出。锅中再添少许油，下入洋葱和肉末翻炒。

4 肉末变色后，放入番茄炒到出汤，再把茄子倒入锅中。

5 加入和食材一样多的清水，调入盐和剩余老抽，大火煮沸。

6 水沸后，把面条松散地铺在菜上面，盖盖焖10分钟左右。待汤汁快收干时，用筷子在锅中将面和菜拌匀即可。

烹饪秘笈

茄子切好后，可以撒入1茶匙盐拌匀。静置10分钟左右，待将茄子中的水分逼出。挤出茄子中多余的水分再进行炒制，茄子就不会那么吸油了，吃起来也会健康一些。

营养贴士

茄子属于"紫色食物"，含有丰富的花青素，具有抗氧化、清除自由基的作用。茄子还含有丰富的维生素E，可以润泽肌肤，抗衰老。

吃不够的老北京味
扁豆焖面

⏱ 45分钟　🔥 中等

主料

手工面	200克	四季豆	100克

辅料

葱白	1 / 2根	食用油	适量
姜	2片	生抽	1汤匙
蒜	2瓣	老抽	1汤匙
五香粉	适量	盐	适量

特色

豆角和面条周身裹满汤汁，豆角脆嫩，面条筋道，冲突的口感却带来别样的体验。

做法

1. 四季豆掐去两头老筋，掰成小段，洗净备用。

2. 葱、姜、蒜切成碎末。

3. 手工面加入少量油抖散，防止粘连在一起。

4. 炒锅烧热，加入比平时炒菜多一些的油，将葱姜蒜爆香。

5. 放入四季豆，大火翻炒片刻，调入五香粉、生抽、老抽、盐。

6. 倒入能没过食材的清水，大火煮沸。

7. 水沸后调成小火，将面条抖开，松散地放在炒好的豆角上。

8. 盖上锅盖，用蒸汽将面焖熟，直到锅底水分收干，用筷子将面条和豆角拌匀即可。

—— 烹饪秘笈 ——

焖面时不要频繁地打开锅盖，蒸汽跑掉了就无法焖熟面条了。

土豆来啦
丁丁焖面

🕐 25分钟　🔥 简单

主料

鲜面条	150克	土豆	1个

辅料

胡萝卜	1/2根	盐	1茶匙
食用油	适量	生抽	1汤匙

特色

几乎没有人不爱土豆的，好吃不贵，做法简单，换着花样吃上好几顿也不嫌腻。如果你刚好不知道要做什么吃，那就做土豆焖面吧，绝对美味。

做法

⓵ 土豆和胡萝卜洗净去皮，切成1厘米见方的小丁。

⓶ 面条沸水下锅，煮至五成熟，捞出过凉水。后面还需要再次焖炒一会儿，所以这一步时面条不能煮得太过。

⓷ 热锅热油，下入土豆丁和胡萝卜丁，小火慢慢煎至表皮焦黄。

⓸ 炒锅中倒入一小碗清水或煮面汤，水沸后放入煮过的面条。

烹饪秘笈

土豆中含有淀粉，在焖煮的过程中会析出一部分。当水分变少后，需要不停地搅拌，防止煳锅。

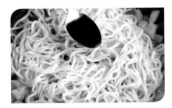

⓹ 加入盐和生抽调味，盖上锅盖，小火焖至只剩一点水，打开锅盖，用筷子搅匀直至水分收干即可。

特色

浓醇又开胃

韩式泡菜奶酪面

⏱ 30分钟　⚖ 中等

韩国泡菜五味俱全，可佐饭、可下面，易消化，爽胃口，是极具韩国代表性的传统料理之一，代表着韩国的烹调文化。

〽 主料

| 方便面 | 1袋 | 辣白菜 | 50克 |

〽 辅料

| 奶酪 | 1片 | 葱花 | 少许 |
| 鸡蛋 | 1个 | | |

— 烹饪秘笈 —

制作这款面的泡面最好选择韩国的辛拉面，相较于国产的泡面，韩国的泡面面条更粗一些，煮的时间稍长一些也不易煮烂。

〽 做法

① 买回的辣白菜，改刀切成适宜入口的小块，或者切成细丝。

② 锅中加入水煮沸，将方便面饼放入锅中煮至八成熟，捞出沥干水分。

③ 煮面的时候另起一锅，将一半的辣白菜放入锅中煮沸，然后将煮好的方便面也下入锅中。

④ 待水再次沸腾，打入鸡蛋，迅速用筷子搅散，煮1分钟关火。

⑤ 将面连汤一同盛入碗中，放上一片奶酪，放上剩余的辣白菜，撒上葱花即可。

美味意面

嫩滑清鲜

鸡肉焗意粉

🕐 45分钟　🔥 中等

主料

螺旋意面	60克	洋葱	1/2个
去皮鸡腿肉	75克	西蓝花	40克

辅料

牛奶	200毫升	马苏里拉奶酪碎	100克
黄油	30克	盐	1茶匙
面粉	2汤匙	料酒、食用油	各2茶匙
黑胡椒粉、鸡精	各1/2茶匙	白胡椒粉、干欧芹	各少许

特色

"焗"有着让一切简单料理变华丽的神奇功效。西餐中的焗通常是用了会拉出丝的马苏里拉奶酪。这样的做法，能让简单的饭或者面变成一道拿得出手的主菜。

做法

1 将鸡腿肉切成丁，加料酒、白胡椒粉和少许盐抓匀，腌制15分钟。

2 西蓝花去掉大梗，切成小朵，冲洗干净。洋葱去根、去老皮，切成细丝。

3 烧一锅开水，水沸腾后下西蓝花焯烫，捞出。然后煮螺旋意面，煮到稍稍硬一点的程度。

4 锅中放油烧热，下腌制好的鸡腿丁炒到变色。

5 放西蓝花和洋葱丝，炒熟后加鸡精，拌匀后盛出。

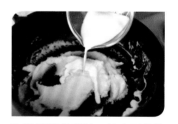

6 净锅烧化黄油，放入面粉炒黄。分次加入牛奶并不断搅拌，炒成白酱。

7 烤箱预热180℃。将蔬菜和螺旋意面、白酱、黑胡椒粉、盐，拌匀后放入烤碗。

8 上铺奶酪碎、欧芹碎，放入烤箱中层烤约15分钟至奶酪融化微焦即可。

━ 烹饪秘笈 ━

这款菜谱做出的意面奶香味重，有一点点黏腻，如果不喜欢厚重的口味，炒白酱时可以减量，让炒好的意面更清爽。如果特别喜欢奶汁和奶酪的味道，在炒白酱时可以再加一些片状奶酪或者奶酪粉。

让意面来得更加香浓吧

奶酪肉酱焗意面

🕐 50分钟　🔥 中等

主料

意大利面	125克	番茄	1个
牛肉末	150克	马苏里拉奶酪	100克
洋葱	半个		

辅料

橄榄油	1茶匙+2汤匙	白砂糖	1/2汤匙
大蒜	2瓣	现磨黑胡椒	适量
盐	少许		

特色

如果你每次吃意面都觉得不够过瘾，还必须加点菜，那么这款意面最适合你：它在传统意面的基础上，加入香浓的奶酪，高温焗烤，每一口吃下都是满足感！

做法

1 烧一小锅开水，加入1茶匙橄榄油和少许盐。

2 放入意大利面，按照包装指示的时间煮熟。

3 捞出意大利面，放入冷水中浸泡备用。

4 洋葱去皮去根，切成碎粒；番茄去蒂洗净，切成小块；大蒜去皮，压成蒜泥。

5 炒锅烧热，放入2汤匙橄榄油，加入蒜泥爆香。放牛肉末、洋葱、番茄和其他辅料炒至汤汁收干。

6 烤箱预热至180℃。将意面与肉酱拌匀放入玻璃烤盘，撒上马苏里拉奶酪丝，烘烤15分钟左右至奶酪融化且颜色金黄即可。

--- 烹饪秘笈 ---

根据意面品牌和型号的不同，烹煮时间也有所差异，请仔细阅读包装上的时间指示再操作。

点睛的香草味道

番茄肉酱香草意面

🕐 45分钟　🔥 中等

⫴ 主料

意面	120克	牛肉末	75克

⫴ 辅料

紫洋葱	1/2个	橄榄油	2汤匙
番茄酱	3汤匙	盐	适量
大蒜	2瓣	白糖	少许
番茄	1个	黑胡椒粉	少许
红酒	3汤匙	高汤	适量
罗勒叶	1小把		

特色

番茄肉酱意面，是西餐厅中最经典的菜式。而香草的加入，让这道原本平常的意面搭配又多了一份活力。

⫴ 做法

1 洋葱、番茄洗净，切丁；罗勒叶切碎。

2 炒锅内加入橄榄油，将洋葱丁和蒜瓣放入锅中翻炒一会儿，然后放入牛肉末炒至变色。

烹饪秘笈

炖煮番茄肉酱时，尽量用中小火慢炖，这样不仅能防止煳锅，更能让番茄与牛肉末的香味融合得更为充分。

3 牛肉断生后，加入红酒、番茄丁和番茄酱翻炒出汁。

4 加入适量清水或高汤，大火煮沸，然后加入盐、白糖和黑胡椒粉调味，转中小火炖煮半小时左右，直至肉酱变得浓稠。

营养贴士

牛肉中的肌氨酸含量高，对增长肌肉、增强力量特别有效。牛肉中还富含锌。锌是一种有助于合成蛋白质、促进肌肉生长的抗氧化剂，能够增强肌肉力量。

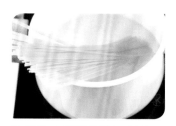

5 制作肉酱的同时，另取一锅，加入清水和少许盐煮沸，放入意面煮熟。

6 煮好的意面捞出沥干，放入盘中，浇上肉酱并撒上罗勒叶即可。

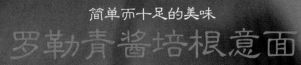

简单而十足的美味

罗勒青酱培根意面

🕐 35分钟　🔥 中等

主料

普通意面	200克	培根	2条
罗勒叶	45克		

辅料

松子仁	25克	盐	1/2茶匙
橄榄油	适量	大蒜	2瓣
干奶酪	20克		

特色

罗勒青酱是意大利的一种凉拌酱，有着极其浓烈的罗勒和松子的气息，比起肉酱，这种酱健康又美味，尤其受女生喜欢。

做法

❶ 松子仁用平底锅或烤箱烤到金黄色。罗勒叶洗净后，尽可能控干水分。

❷ 将罗勒叶、松子仁、蒜瓣、奶酪、盐及50克橄榄油放入搅拌机中打成浓稠的糊，即成青酱。如果太浓稠打不动，可以加入少许纯净水。

烹饪秘笈

步骤2搅拌青酱时，搅拌到还可以看到一些碎片就可以了，保留些颗粒，吃起来口感更好。青酱如果一次做得太多吃不完，可以放入密封盒中，在表面淋上少许橄榄油防止氧化，入冰箱冷藏。

❸ 锅中加入足量水，水沸后将意面煮熟，捞出沥干水分。

❹ 平底锅淋入少许橄榄油，将培根放入平底锅中煎熟后切碎。

营养贴士

培根是由猪肉腌制而成的，含有丰富的蛋白质、脂肪和微量元素，能改善缺铁性贫血。但是容易水肿、脾胃不好的人应该少吃培根。

❺ 用平底锅中剩余的油将煮好的面、培根和青酱炒匀。

❻ 用夹子将炒好的面夹起，旋转一下盘起来，装盘即可。

温柔的享受
培根奶香通心粉

⏱ 35分钟　🔥 中等

主料

通心粉	适量	蟹味菇	1小把
培根	2片		

辅料

橄榄油	1汤匙	盐	适量
淡奶油	200毫升	黑胡椒粉	适量
鸡蛋黄	1个	黄油	少许
奶酪粉	少许	欧芹	2小朵
蒜	1瓣	洋葱	1/4个

特色

这是一道经典的意大利菜肴。奶酪和淡奶油带来的是唇齿间温柔和浓郁的奶香，蟹味菇的鲜味也是无与伦比的，再加上辛辣的黑胡椒，别有一番滋味。

做法

1 锅中多放一些水，烧开后放少许盐，放入通心粉，转中小火煮8～10分钟至无硬心（期间稍作搅拌防止粘锅），取出沥干，倒入1汤匙橄榄油拌匀备用。

2 蟹味菇切去老根后撕成小朵，放入沸水中烫熟，沥干水分备用。

烹饪秘笈

用橄榄油来炒香培根和洋葱会更加健康，而使用黄油，其香味会让通心粉的味道层次更丰富。

3 取一只小碗，倒入淡奶油，倒入适量奶酪粉及1个蛋黄，搅拌均匀成奶黄酱。

4 培根切长条，洋葱切小碎丁，蒜切末，欧芹切碎。

营养贴士

多数蘑菇都含有丰富的氨基酸，有助于孩子大脑和身体的发育，还能增强免疫力。蘑菇中的抗氧化成分还具有延缓衰老、美容的功效。

5 锅烧热，放黄油融化后，放入培根炒出香味，再放入蟹味菇、洋葱丁及蒜末翻炒至软。

6 倒入通心粉拌匀，浇上奶黄酱，放适量盐及黑胡椒粉调味，出锅前撒上欧芹碎即可。

一只锅搞定

白汁蘑菇意面

🕐 35分钟　🔥 简单

主料

长条形意大利面	100克	培根	3条
蟹味菇	100克		

辅料

牛奶、水	各200毫升	大蒜	3瓣
片状奶酪	1片	意大利混合香料	1茶匙
黄油	15克	黑胡椒碎、盐	各1/2茶匙
豌豆苗	少许	鸡精	1茶匙

特色

白汁意面，控制好了调料配比，就能达到浓而不腻，香而不厚的境界。特别是这种能用一只锅做出来的菜品，即使在厨房里忙碌的时候，也能从容而优雅。

做法

1 蟹味菇切去根，掰散，洗净，沥干。大蒜去皮，去根，切片。培根改刀成宽约2厘米的片。

2 炒锅中不放油，中火加热，放入培根炒到微焦，肉片收缩。开始收缩就盛出来，别烤干了。

3 将炒锅洗干净。小火加热，放入黄油，黄油融化后放入蒜片炒香。

4 放入蟹味菇，转中火，将蘑菇炒出香味。加入黑胡椒碎，炒匀。

5 放入牛奶、水和鸡精，大火煮开。水量要能煮开面条，但也不能太多，最后没法收汁。

6 放入意大利面，大火煮到汤汁的量变成1/2。煮的过程中用筷子搅动，防止面条粘底。

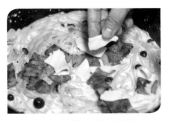

7 将奶酪片撕碎撒到锅里，加入盐。放入意大利混合香料和炒过的培根，转中火继续煮。

8 煮到汤汁变得浓稠后盛出，装盘。在表面再撒少许黑胡椒碎，摆上一束豌豆苗即可。

烹饪秘笈

干意面直接在白汁里煮，这样省事一些，意面也更容易入味。但是酱汁比较浓稠，煮时要一直看着，不时搅拌，防止粘锅。如果觉得这种方法不好控制水量，也可以将面条煮熟，汤汁直接炒浓稠，最后跟熟面条拌炒在一起。

原味鲜甜

鲜虾芦笋意面

🕐 30分钟　　🔥 简单

主料

大虾	50克	芦笋	1把
意大利扁面	70克		

辅料

大蒜	4瓣	姜	2克
黑胡椒粉	少许	食用油	适量
白胡椒粉	1/2茶匙	鸡精	1/2茶匙
盐	适量		

有些人喜欢加牛奶和黄油，把原料炒成白汁的。其实可以试试不加，颜色透亮，热量又低，吃着口感清爽无负担。正是简单的调料，才能最大限度地激发出食材本身的鲜甜。

做法

1 大虾开背，去头，去壳，去虾线，尾巴可以不剥掉。如果喜欢虾背完整，可以不开背，挑去虾线即可。

2 芦笋冲洗干净，去掉老根，斜刀切成寸段。姜切片。大蒜去皮，切片。

3 在剥好的虾仁中加上白胡椒粉、少许盐、姜片，抓拌均匀，腌制15分钟，给虾肉去腥，加个底味。

4 烧一锅开水，水沸腾后放入少许盐和食用油，下芦笋快速焯烫到变色即捞出，放入冷水中。

5 用焯烫过芦笋的水继续煮面，煮好后捞出，拌入适量油防粘。

6 中火加热炒锅，锅中放入适量油。油热后放入虾仁，滑炒到虾仁卷曲定形即捞出，姜片取出不要。

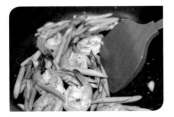

7 锅中留底油，油热后放入蒜片爆香，炒香就好，别把蒜片炒黄。放入芦笋段和虾仁，炒到芦笋油亮。

8 放入煮好的意大利面，加黑胡椒粉、盐和鸡精，快速翻炒均匀即可出锅。

—— 烹饪秘笈 ——

意大利面的包装上都会标明把面条煮熟需要的时间，但是完全按照那个时间煮面，面条会略硬，不太符合中国人吃面的习惯。可以根据自己的需要略微延长煮面时间，但是不要煮太久，面条煮烂了就失去了意大利面的口感。

海鲜是不变的诱惑

扇贝虾仁罗勒
螺旋意面

🕐 35分钟　🔥 中等

主料

螺旋意面	200克	扇贝	6只
虾仁	50克		

辅料

罗勒	适量	橄榄油	3汤匙
盐	1茶匙	洋葱	1/4个
海盐	少许	料酒	1汤匙
蒜	3瓣	现磨黑胡椒	适量
黄油	10克		

特色

乍一看，鲜嫩的虾仁和螺旋意面傻傻分不清楚，不过好在都是那般可爱讨喜，也就懒得仔细分辨，赶紧收入自己肚中才是要紧。

做法

1 新鲜的罗勒洗净，切成碎末。洋葱和蒜也切成碎末，黄油切片备用。

2 虾仁和扇贝洗净，用料酒抓匀，腌制10分钟左右。

烹饪秘笈

虾仁、扇贝和意面都已经是处理好的半成品，只要大火快速翻炒几下，食材都沾上调味料就可以了。

3 汤锅中放入清水及1茶匙盐煮沸，水沸后下入螺旋意面，煮至九成熟，另将扇贝、虾仁焯熟捞出。

4 炒锅烧热，倒入橄榄油，下入蒜末和洋葱碎炒香。

5 将虾仁、扇贝、螺旋意面和黄油下入锅中翻炒均匀。

6 加入海盐和现磨黑胡椒粉，快速翻炒几下，将切好的罗勒碎放入锅中，拌匀即可盛出装盘。

酒意渐起
白酒蛤蜊蝴蝶面

🕙 30分钟　　◁ 中等

▒ 主料

| 蝴蝶面 | 200克 | 蛤蜊 | 300克 |

▒ 辅料

橄榄油	3汤匙	白葡萄酒	5汤匙
盐	1茶匙	黄油	10克
大蒜	2瓣	欧芹	少许
柠檬汁	1汤匙	黑胡椒粉	少许

意大利面从遥远的西方漂洋过海而来，简简单单的食材却带给我们大大的味觉享受。蝴蝶面，它们张开翅膀的样子很好看。

▒ 做法

1 汤锅中放入清水及1茶匙盐煮沸，水沸后下入蝴蝶面，煮至九成熟。

2 煮面的过程中，将蒜和欧芹分别切成末。

3 面煮好后捞出，沥干水分，加入1汤匙橄榄油拌匀备用。

4 炒锅烧热，加入2汤匙橄榄油，放入蒜末炒香。

5 随后放入蛤蜊、柠檬汁和白葡萄酒，转大火煮开。

6 盖上锅盖，转中小火煮5~7分钟，偶尔摇动锅子直到每个蛤蜊都打开。如果有不打开的蛤蜊，用筷子拣出。

7 将蝴蝶面和黄油放入锅中搅拌均匀，盖上锅盖，小火焖煮2分钟左右。

8 当面条吸收了汤汁后，加入欧芹末和黑胡椒粉拌匀即可关火。

— 烹饪秘笈 —

蛤蜊中经常含有泥沙，新鲜的蛤蜊买回来后放在盆中，加入清水没过蛤蜊。取1茶匙倒入盆中拌匀，静置一段时间，可以更容易地让蛤蜊吐出泥沙。

黑乎乎但是很好吃
墨鱼汁意面

⏱ 25分钟　🔥 中等

特色

蓝黑蓝黑的墨鱼汁，虽然有着毫不讨喜的颜色，却有着超赞的味道。而且墨鱼汁还有很高的药用价值，可治疗功能性出血。

主料

意面	200克	墨鱼汁	15克

辅料

盐	1茶匙	圣女果	3个
芦笋	5根	奶酪粉	少许
橄榄油	2汤匙	欧芹	少许

---- 烹饪秘笈 ----

新鲜的芦笋买回后，可以用左右两手分别拿着芦笋的两端，同时轻轻地往下折，这样芦笋会自然地在嫩茎和老根的交界处折断。

做法

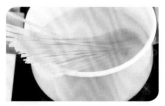

⒈ 锅里加入足量清水和少许盐，水沸后放入意面煮软。

⒉ 煮好的意面捞出沥干水分，加入墨鱼汁和橄榄油拌匀。

⒊ 圣女果洗净，用刀剖成4瓣；芦笋洗净，切成小段；欧芹切成碎末。

⒋ 另起炒锅，加少许橄榄油，将芦笋煸炒一会儿，炒熟捞出。

⒌ 将芦笋、圣女果和墨鱼汁意面拌匀装盘。撒上少许奶酪粉和欧芹碎即可。

07
米粉

酸甜清新"泰"好吃

泰式炒米粉

🕐 40分钟　🔥 高级

主料

河粉	150克	泰式炒面酱	2汤匙

辅料

鱼露	少许	柠檬	1/2个
甜酱油	1汤匙	熟花生碎	1汤匙
韭菜	少许	盐	1茶匙
豆芽	1小把	白糖	1茶匙
鸡蛋	1个	料酒	1汤匙
虾仁	50克	食用油	适量

特色

泰国菜总有几个经典元素，一是多种多样的海鲜，二是当地特产的小青柠，三是鱼露增味剂，四是辣椒粉。这道泰式炒米粉就是一道正宗泰国菜。

做法

1 河粉在清水中浸泡10分钟左右，泡软后沥干水分备用。

2 韭菜洗净，切成和豆芽长度差不多的段。虾仁洗净，剔去虾线后用少许盐和半汤匙料酒腌渍5分钟左右。

3 鸡蛋在碗中打散，加入鱼露、白糖和半汤匙料酒搅拌均匀。

4 锅内倒入油，油热后放入搅打均匀的蛋液快速翻炒，快熟的时候盛出备用。

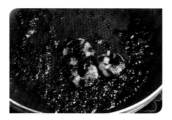

5 用锅底剩余的油将泰式炒面酱炒匀，随后加入虾仁一同翻炒。

6 虾仁变色后，再放入韭菜和河粉翻炒均匀，然后放入豆芽和鸡蛋。

7 加入少许盐和甜酱油调味，炒匀后即可出锅，装盘后再撒上花生碎，挤上柠檬汁即可。

烹饪秘笈

如果米粉很长，可以在水中将米粉泡开后，用厨房剪刀将米粉剪成适宜入口的长度，这样翻炒起来更容易炒匀入味。

芬芳香气袭来

南洋星洲炒米粉

🕐 35分钟　🔥 中等

主料

广东米粉	1片

辅料

食用油	适量	红椒	1/4个
豆芽	100克	青椒	1/4个
洋葱	1/2个	咖喱粉	1.5汤匙
韭黄	100克	料酒	1汤匙
鸡蛋	1个	生抽	1汤匙
虾仁	8个	盐	适量
香葱	1根	姜	1片

特色

韭黄、洋葱、香葱，都是经典提味料，各有各的芬芳。米粉细软易入味，虾仁爽滑弹牙，豆芽脆生生的，给这碗面带来了丰富的味道。

做法

1 将所有配菜洗净，韭黄、洋葱、香葱、青红椒切成和豆芽长度差不多的细丝。

2 虾仁加入料酒和姜片，抓匀腌制一会儿。

3 锅内加入适量水，加入1汤匙咖喱粉和1汤匙油煮沸，将米粉下入锅中煮散，用筷子拨动几下，米粉散开后迅速捞出即可。

4 鸡蛋在碗中打散，在锅中摊成蛋皮。蛋皮煎熟后，切成丝备用。

5 炒锅中再添入少许油，下入洋葱丝炒至透明，然后放入腌好的虾仁，加半汤匙咖喱粉一同炒香。

6 下入青红椒丝、韭黄、鸡蛋丝和米粉，用筷子翻炒均匀。

7 为了保证豆芽的脆爽，所有的食材炒匀后再加入豆芽翻炒。

8 调入盐和生抽，加入香葱丝快速翻炒几下即可出锅。

烹饪秘笈

干米粉煮好后捞出沥干水分，然后放在又大又平的盘子里，用筷子挑得松散一些，风干多余的水分。这样处理后炒出的米粉不干不湿、口感正好。

雅俗共赏
干炒牛河
🕐 50分钟

主料

牛里脊肉	80克	米粉	150克
黄豆芽	25克	洋葱	50克
鸡蛋	1个		

辅料

蚝油	1汤匙	香葱段	30克
白酒	1茶匙	姜末	5克
酱油	2汤匙	老抽	2茶匙
白胡椒粉	1克	淀粉、熟白芝麻	各少许
白糖、鸡粉	各1/2茶匙	食用油	5汤匙

特色

河粉爽口弹牙，牛肉鲜嫩香浓。这道锅气十足、焦香黄亮的干炒牛河，既能登上高档酒楼的大雅之堂，又能委身于路边摊、大排档，可谓雅俗共赏，是广东人都喜爱的经典美食。

做法

1 将牛里脊切片，用蚝油、白酒、淀粉和1茶匙老抽抓拌均匀，并腌制40分钟左右备用。

2 洋葱洗净切丝，泡入清水中备用，豆芽择洗干净。米粉放入沸水中烫煮1分钟，捞出沥水。

3 鸡蛋打成蛋液，平底锅抹少许油烧热，将蛋液放入，旋动锅身摊成一张蛋皮，盛出晾凉切丝。

4 锅中放油烧至七成热，爆香姜末后，先将牛肉片放入，大火煸20秒左右断生，盛出备用。

5 锅中留油保持油温，将香葱段、洋葱、豆芽放入煸香，至微微变软。

6 放入牛肉和煮好的米粉，加入白糖、酱油、鸡粉、白胡椒粉和剩余的老抽，大火快速炒匀，直至牛肉熟透。

7 出锅装盘，将蛋丝摆在上面。

8 最后撒上熟白芝麻即可。

烹饪秘笈

放鸡蛋丝是比较讲究的做法，嫌麻烦的也可以忽略这一步。这道菜真正的关键是要猛火快炒，让成菜充满锅气。

牛河还可以这样炒
湿炒牛河

🕐 40分钟　　🔥 高级

主料

河粉	300克	牛肉	150克

辅料

芥蓝	2棵	沙茶酱	2汤匙
白糖	2茶匙	蚝油	1汤匙
料酒	1汤匙	水淀粉	5汤匙
淀粉	1/2汤匙	盐	1/2茶匙
生抽	3汤匙	食用油	适量

特色

河粉又称沙河粉，是源自广州沙河镇的米粉。这道湿炒牛河是广东常见的特色小吃，既可以做早餐也可以做正餐。

做法

1 牛肉逆着纹理切成薄片，加入1茶匙白糖腌制10分钟左右。

2 倒掉流出的汁，加料酒、淀粉、1汤匙生抽和1汤匙沙茶酱，抓匀后再腌10分钟。

3 腌肉的过程中，将芥蓝洗净对半剖开，在沸水中烫至变色，随后捞出，沥干水分备用。

4 碗中加入蚝油、盐、水淀粉、1汤匙沙茶酱、2汤匙生抽和1茶匙白糖混合均匀，调成炒河粉调料。

5 锅中倒入比平时炒菜略多一些的油，油热后倒入河粉翻炒，河粉炒热且均匀裹上油分后，即可盛出装盘。

6 锅中再次倒入适量油，趁油微热时倒入腌制好的牛肉片翻炒。

7 炒到牛肉片刚刚变色，迅速下入余烫好的芥蓝翻炒均匀。

8 放入步骤4制成的调味汁炒浓炒香，盛出放在河粉上即可。

—— 烹饪秘笈 ——

切牛肉时要逆着牛肉的纹理，将刀口方向与纹理方向垂直或稍稍倾斜一些，这样才能将牛肉的纤维切断，口感上更加嫩滑，吃起来也不容易塞牙。

潮汕的魔术

潮汕牛肉丸汤粿条

⏱ 20分钟　🔥 简单

特色

潮汕牛肉丸外表光滑，很有弹性，一口咬下去，能感觉到汁水渐渐渗出来，鲜美异常，令你体会到大大的满足感。

主料

粿条　　200克　潮汕牛肉丸4个

辅料

青菜　　　1棵　白胡椒粉 少许
盐　　　少许

烹饪秘笈

粿条是用薄薄的一层米粉浆蒸熟晾凉后，切成条制成的。粿条轻薄爽口，下入锅中后待水再次沸腾即可捞出食用。

做法

1 牛肉丸提前取出解冻一会儿。青菜洗净，一片片掰下菜叶。

2 汤锅加水煮沸，下粿条，用筷子搅拌几下使粿条均匀受热。

3 水再次沸腾时，立刻将粿条捞出，过凉水备用。

4 牛肉丸变到室温后，横竖各切4刀且底部不要切断，切成花朵的形状。

5 另起一锅水，下入牛肉丸煮熟。丸子煮好后，下入粿条和青菜烫至青菜变色。

6 调入盐和白胡椒粉，拌匀后即可关火。

特色

牛肉性温热，吃多了容易上火，而且炖煮的牛肉避免不了油腻。清新爽口的薄荷很少被用来做菜，但在这里可以起到清热去火、解油腻的作用。

主料

| 饵丝 | 200克 | 牛肉片 | 少许 |

辅料

| 薄荷 | 2棵 | 盐 | 1/2汤匙 |
| 香葱 | 1根 | | |

烹饪秘笈

新鲜的饵丝很软，水沸后入锅煮大约1分钟就可以了。若煮太久，饵丝煮得太烂会影响口感。

牛肉也清雅

薄荷牛肉饵丝

20分钟　　　简单

做法

❶ 牛肉切成薄薄的片，用清水浸泡一会儿，洗去多余的血水，重复几次，直至牛肉由红变白。

❷ 锅中加入适量水煮沸，水沸后下入饵丝煮软。

❸ 将牛肉片下入烫至变色，如果有血沫可以用漏勺撇去。

❹ 薄荷洗净，按叶片的脉络择下；香葱切成葱花。

❺ 牛肉变色后，在锅中加入适量盐拌匀。

❻ 煮好的牛肉饵丝盛到汤碗中，撒入薄荷叶及葱花即可。

酸与辣的完美结合

酸汤肥牛米线

🕙 50分钟　🔥 高级

主料

鲜米线	200克	肥牛片	200克
金针菇	1小把		

辅料

小米椒	2个	盐	1茶匙
海南黄灯笼辣椒酱	2汤匙	白糖	1茶匙
蒜	3瓣	高汤	适量
姜	1片	食用油	适量
白醋	1汤匙		

酸来自于白醋；辣来自于海南黄灯笼辣椒酱。这是一道重口味的米线，刺激口腔、挑逗味蕾，好之者趋之若鹜，毕生不能放弃。

做法

1 肥牛提前解冻；姜、蒜切碎末；小米椒切圈；金针菇洗净后剪去根部，撕成小棵备用。

2 汤锅加入适量水，滴入几滴食用油煮沸。水沸腾后将米线和金针菇分别下入锅中烫熟。

3 烫熟的米线和金针菇放入碗底铺好。

4 炒锅内加入少许油，放入姜末、蒜末爆香，炒出香气后加入辣椒酱翻炒1分钟左右。

5 加入清水或高汤煮沸，盛出，滤掉残渣，倒入小汤锅。

6 放入肥牛片烫熟，加入盐和白糖调味。再次用网筛过滤掉煮出的浮沫。

7 肥牛煮熟后，淋入白醋即可关火。

8 将酸汤和肥牛倒入步骤3的碗中，表面撒上小米椒圈点缀一下即可。

烹饪秘笈

想要做出色泽金黄、味道酸辣的金汤，海南黄灯笼辣椒酱必不可少，千万不可以换成其他种类的辣椒酱。

简单纯净
云南骨汤米线

🕐 140分钟　🔥 高级

主料

米线	200克	猪肉末	少许
猪筒骨	1个		

辅料

油菜	2个	盐	1/2茶匙
姜	1片	香菜末	少许
食用油	适量	香葱末	少许

特色

云南米线闻名全国。我们在家也能自制云南米线，真正的骨汤米线，材料简单，吃着健康，也很美味。

做法

1 猪筒骨洗净血水，放入砂锅中煲2小时左右，熬成骨汤。

2 姜切成细末；油菜洗净，对半剖开。

烹饪秘笈

除了云南，很难买到新鲜米线。如果只能买到干米线也不要紧，可以用温水浸泡一会儿，待米线泡软就可以进行接下来的步骤了。

3 炒锅中加入适量油，将姜末炒香后下入猪肉末炒散，炒至肉末变色后，加入半茶匙盐并倒入少许清水，煮5分钟左右。

4 另起一个汤锅，加入足量水煮沸。水沸腾后放入米线烫软，随后捞出，过凉水备用。

5 用汤锅中的水将油菜氽烫一下，变色即可捞出。

6 将米线和油菜沥干水分，放入碗中。加入适量骨汤和肉末，撒上香菜和香葱末即可。

就要这个爽滋味
快手酸辣米线

🕐 35分钟　🔥 中等

主料

干米粉	120克	油菜	2棵

辅料

蒜末	少许	白胡椒粉	少许
葱末	少许	香油	1汤匙
香菜末	少许	香醋	3汤匙
小米椒	2个	生抽	2汤匙
油炸花生仁	1汤匙	油泼辣子	2汤匙

这道快手菜绝对是厨娘们的最爱。只需要几分钟，一盘美味就被端上桌。酸辣鲜香，很受欢迎。

做法

1 油菜洗净，将叶子一片片掰下；小米椒切成圈备用。

2 汤锅加入水煮沸，放入洗净的油菜焯至变色，捞出过凉水。

3 水再次煮沸后，下入干米粉。水再次沸腾即可关火，盖上锅盖，闷20分钟左右。

4 将米粉和油菜捞出沥干，放入碗中。依次加入蒜末、葱末、香菜末、小米椒圈和油炸花生仁。再调入白胡椒粉、香油、香醋、生抽和油泼辣子，吃之前拌匀即可。

── 烹饪秘笈 ──

可以不必拘泥菜谱中的食材，想吃的食材都可以拌入这碗米线中，拌好后放入冰箱冷藏一会儿再食用，风味更佳。

营养贴士

辣椒富含维生素C，居蔬菜之首位，B族维生素及钙、铁等矿物质含量也较丰富。辣椒中的辣椒素可增加唾液分泌及淀粉酶活性，有增进食欲、促进消化的作用。

吃出健康系列

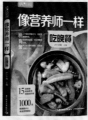

图书在版编目（CIP）数据

萨巴厨房. 懒人下面条 / 萨巴蒂娜主编. —北京：
中国轻工业出版社，2019.11

ISBN 978-7-5184-2058-2

Ⅰ．①萨… Ⅱ．①萨… Ⅲ．①面条—食谱
Ⅳ．① TS972.12 ② TS972.132

中国版本图书馆 CIP 数据核字（2018）第 175818 号

责任编辑：高惠京　　责任终审：劳国强　　整体设计：锋尚设计
策划编辑：龙志丹　　责任校对：李　靖　　责任监印：张京华

出版发行：中国轻工业出版社（北京东长安街6号，邮编：100740）

印　　刷：北京博海升彩色印刷有限公司

经　　销：各地新华书店

版　　次：2019年11月第1版第3次印刷

开　　本：710×1000　1/16　印张：12

字　　数：200千字

书　　号：ISBN 978-7-5184-2058-2　定价：49.80元

邮购电话：010-65241695

发行电话：010-85119835　传真：85113293

网　　址：http://www.chlip.com.cn

Email：club@chlip.com.cn

如发现图书残缺请与我社邮购联系调换

191165S1C103ZBW